U0347389

"十三五"高等院校物业管理专业创新规划教材

建 筑 识 图

主　编　李红霞

副主编　缪　悦　陈赛君　汤进华

中国财富出版社

图书在版编目（CIP）数据

建筑识图／李红霞主编 . —北京：中国财富出版社，2015.4

（"十三五"高等院校物业管理专业创新规划教材）

ISBN 978 - 7 - 5047 - 5885 - 9

Ⅰ.①建…　Ⅱ.①李…　Ⅲ.①建筑制图—识别—高等学校—教材　Ⅳ.①TU204

中国版本图书馆 CIP 数据核字（2015）第 227534 号

| 策划编辑　王淑珍 | 责任编辑　戴海林　黄正丽 | |
| 责任印制　何崇杭 | 责任校对　梁　凡 | 责任发行　斯　琴 |

出版发行	中国财富出版社		
社　　址	北京市丰台区南四环西路 188 号 5 区 20 楼	邮政编码	100070
电　　话	010 - 52227568（发行部）	010 - 52227588 转 307（总编室）	
	010 - 68589540（读者服务部）	010 - 52227588 转 305（质检部）	
网　　址	http://www.cfpress.com.cn		
经　　销	新华书店		
印　　刷	北京京都六环印刷厂		
书　　号	ISBN 978 - 7 - 5047 - 5885 - 9/TU · 0049		
开　　本	787mm×1092mm　1/16	版　　次	2015 年 4 月第 1 版
印　　张	8　插页 9	印　　次	2015 年 4 月第 1 次印刷
字　　数	212 千字	定　　价	30.00 元

前 言

《建筑识图》是为物业管理专业本科学生编写的专业建筑识图教材，也可供其他层次物业管理及相关专业学生、物业管理从业人员自学和培训使用。

目前，我国物业行业发展迅猛，开设物业管理专业的本科院校也日益增加，长沙学院物业管理教材编写小组在多年探索开展物业管理教育和教育部"本科专业综合改革试点"项目建设经验的基础上，针对培养物业管理专业学生建筑图纸识读能力编写，着重提高学生立体思维、建筑图纸识读等多方面能力。本教材最大的特点是结合物业管理对建筑图纸识读的实际需要，引入最新的高层建筑为案例，理论联系实际，以达到通过教材中案例的识读实现建筑识图模拟训练的要求。

本教材共七章，每章由若干小节组成。教材内容针对物业管理专业对建筑图纸识读的要求，包括了投影基础、建筑工程图纸的基本知识、建筑施工图、结构施工图、建筑给水排水施工图、建筑电气施工图、建筑采暖施工图等多方面内容，附录收录了《房屋建筑制图统一标准》（GB 50001—2010）（节选）的有关计算机制图文件规定以及全套的建筑给水排水施工图图纸。

本教材由李红霞担任主编，缪悦、陈赛君、汤进华担任副主编，章增荣、黄柔、程旗同学参与了本书的绘图、校对工作。教材的编写得到了诸多领导、同事和朋友们的关心、指导和帮助，得到了家人的大力支持与帮助，在此表示真诚的感谢！

由于编者的水平有限，教材中难免有疏漏和差错之处，垦请读者批评指正！

编者

2015 年 2 月

目　录

第一章　投影基础

 学习目标

　　投影基础是学习建筑识图、制图的基础，通过投影知识的学习，建立立体思维能力是学习建筑识图的必要途径。

🔍 知识目标

　　1. 了解投影的基本概念；
　　2. 熟悉三面正投影、轴测投影图、剖面图与断面图的基本特性。

✏️ 能力目标

　　1. 掌握投影的理论知识；
　　2. 建立良好的立体思维能力。

第一节　投影的基本概念

　　在生活中我们看到的图画一般都是立体图，这种图比较接近我们实际看到的画面。但是这种图不能将物体的真实情况、大小准确地表示出来。所以在建筑或其他工程的施工图都是用投影图。本小节主要介绍投影的形成、投影的分类及投影的特征。

一、投影的形成

　　当光照射在物体上，会在墙面或地面上产生影子，这就是自然界的投影现象（见图1-1）。人们从这一现象中认识到光线、物体、影子之间的关系得出了投影法。

　　投影与影子的区别在于：前者只能反映出物体的轮廓，而后者可以表达物体的形状。

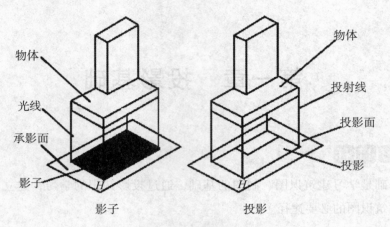

图 1 - 1　投影的形成

二、投影的分类

由于投射线的位置不同，投影分中心投影和平行投影两类。

（1）中心投影：投射线交于一点（见图 1 - 2）。

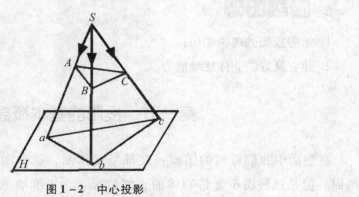

图 1 - 2　中心投影

中心投影的特征：由于中心投影是由一点放射出来的投影方法，所以其大小与原物大小不相等。假定在投影中心与投影面距离不变的情况下，形体距投影中心越近，则影子越大，反之则越小。所以，中心投影不能正确地度量出物体的尺寸大小。

（2）平行投影：投射线相互平行。由于投射线与投影面的位置不同，平行投影又可分为正投影和斜投影（见图 1 - 3）。

正投影：射线与投影面垂直。其主要特征：在工程中最常见的是正投影，正投影图能确切地表达物体的形状、大小，作图简单，便于度量。其缺点是立体感不强，不易想象物体的形状，需具备一定的工程制图知识和空间想象能力才能看懂。

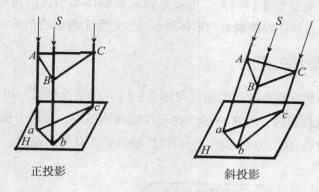

正投影   斜投影

图1-3 平行投影

斜投影：射线与投影面倾斜。它的特征主要有：当投影线与投影面不垂直，也就是投影线与投影面相倾斜时，所得到的物体的投影叫作斜投影。一般来说，与正投影相比，斜投影具有较好的立体感，但是，斜投影不能反映物体的真实尺寸。

第二节　形体的三面正投影

《房屋建筑制图统一标准》（GB 50001—2010）中规定了房屋建筑视图的投影法：房屋建筑的视图，应按正投影法并用第一角画法绘制。自前方 A 投影称为正立面图，自上方 B 投影称为平面图，自左方 C 投影称为左侧立面图，自右方 D 投影称为右侧立面图，自下方 E 投影称为底面图，自后方 F 投影称为背立面图（见图1-4）。

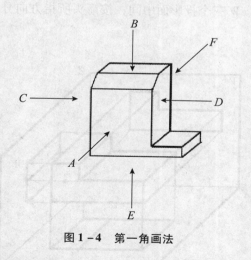

图1-4 第一角画法

建筑制图中的视图就是画法几何中的投影图，都是按正投影的方法和规律绘制的，采用正投影法进行投影所得到的图样，称为正投影图。它相当于人站在离投影面无限远处，正对投影面观看形体的结果。也就是说在投影体系中，把光源换成人的眼睛，把光线换成视线，直接用眼睛观看的形体形状与投影面上投影的结果相同。

一、三面投影图的建立

设空间有三个相互垂直的投影面（见图 1 – 5）：水平投影面，用 H 表示；正投影面，用 V 表示；侧投影面，用 W 表示。在三投影面体系中，每两个投影面的交线称为投影轴，分别以 OX、OY、OZ 表示。三根投影轴的交点 O 称为原点。

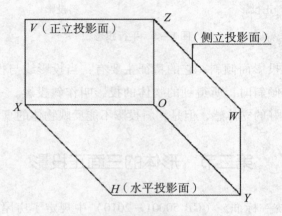

图 1 – 5　三面投影图的建立

二、三面正投影图的形成

将物体放在 H、V、W 三个投影面中间，按箭头所指方向分别向三个投影面作正投影图（见图 1 – 6）。

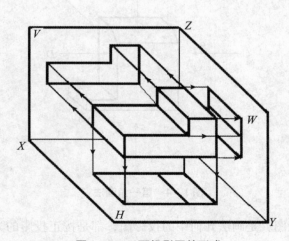

图 1 – 6　三面投影图的形成

由上向下在 H 面得到的投影称为水平投影图，简称平面图；

由前往后在 V 面得到的投影称为正立投影图，简称正面图；

由左向右在 W 面得到的投影称为侧立投影图，简称侧面图。

三、三面正投影图的展开

为了把空间三个投影面上得到的投影图画在一个平面上，需要将三个相互垂直的投影面进行展开，如图 1–7（a）所示；三个投影面展开后，原三面相交的 OX、OY、OZ 轴成为两条垂直相交的直线，原 OY 轴则分为两条，在 H 面上为 OYH，在 W 面上用 OYW 表示。展开后左下方的为水平投影图，左上方的为正立投影图，右上方的为侧立投影图，如图 1–7（b）所示。

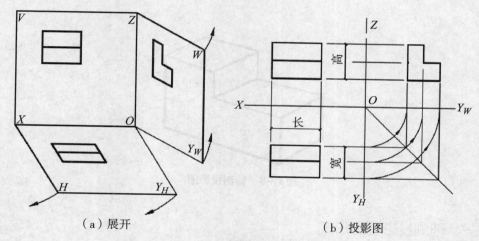

（a）展开 （b）投影图

图 1–7 三面投影图的展开

四、三面正投影图的投影规律

任何一个空间物体都有长、宽、高三个方向的尺度，以及上、下、左、右、前、后六个方位。通过三面投影图的展开（见图 1–7）可知，每一个投影能反映形体一个方向的形状及两个方向的尺寸。V 投影图表示从形体前方向后看的形状和长与高方向的尺寸；H 投影图表示从形体上方向下俯视看的形状和长与宽方向的尺寸；W 投影图表示从形体左方向右看的形状和宽与高方向的尺寸。

三面正投影图的这种尺寸关系可归纳为：

正立投影图与水平投影图——长对正；

正立投影图与侧立投影图——高平齐；

水平投影图与侧立投影图——宽相等。

"长对正、高平齐、宽相等"的三等关系反映了三面正投影图之间的投影规律，是画图、尺寸标注、识图应遵循的准则，熟练掌握投影图之间的三等关系及方位判别，对画图、识图将有极大的帮助。

第三节　轴测投影图

三面投影图能够完整准确地表示形体的形状与大小，作图简便，度量性好，在工程中应用最为广泛，但这类图不直观，缺乏立体感。但如果画出相应的轴测投影图（见图1-8），则可直观地反映出物体的长、宽、高三个方向的尺寸，富有一定的立体感，容易看感，但是轴测投影图有变形，不能确切地反映物体的形状，作图也比较复杂。

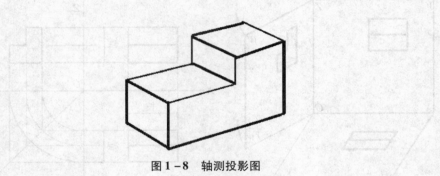

图1-8　轴测投影图

一、轴测投影图的形成

将物体和确定它的空间位置的坐标系，用平行投影法沿不平行于任一坐标轴的方向 S 投影到平面 P 上，得到的投影图称为轴测投影图，简称轴测图（见图1-9）。平面 P 称为轴测投影面，各坐标轴 OX、OY、OZ 在 P 面上的投影轴称轴测投影轴，简称轴测轴，用 OX_1、OY_1、OZ_1 表示。

二、轴测投影图的分类

1. 按投影方向的不同分类

（1）正轴测投影　投影方向 S 垂直于轴测投影面 P。

（2）斜轴测投影　投影方向 S 倾斜于轴测投影面 P。

2. 按轴向伸缩系数的不同分类

（1）正（或斜）等轴测投影　三个轴向伸缩系数相同，即 $p = q = r$。

（2）正（或斜）二轴测轴投影　两个轴向伸缩系数相同，即 $p = q = 2r$ 或 $p = r = 2q$

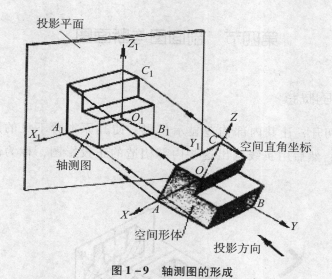

图 1-9　轴测图的形成

或 $q = r = 2p$。

（3）正（或斜）三轴测轴投影　三个轴向伸缩系数不相同，即 $p \neq q \neq r$。

建筑工程中通常采用的是正等轴测图、正二等轴图和斜二等轴测图（见图 1-10）。

三、轴测投影的选择

（1）在选择轴测图类型时，应注意形体上的侧面和棱线尽量避免被遮挡、重合、积聚及对称，以免影响其立体效果；

（2）轴测投影方向的选择应尽可能多地看到物体的各个部分的形状和特征；

（3）选择轴测投影图时，应尽可能看全物体上的通孔、通槽等；

（4）选择轴测投影图时，应避免物体上某个或某些棱面积聚成一条直线；

（5）选择轴测投影图时，应避免物体上转角处不同棱线在轴测投影图中共线。

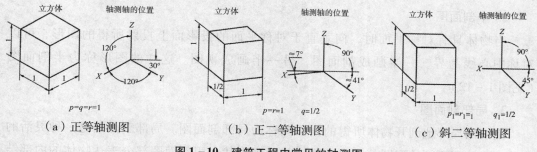

图 1-10　建筑工程中常见的轴测图

第四节　剖面图与断面图

一、剖面图的概念

假想将形体切开，让其内部构造显示出来，使其原本看不见的形体部分变成了看得见的部分，然后用实线画出这些内部构造的正投影图，称为剖面图（见图 1 – 11）。

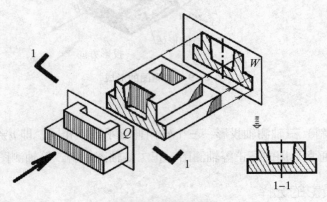

图 1 – 11　剖面图的形成

二、剖面图的类型

针对剖切形体的不同特点及图形的要求，剖面图一般可分如下几种类型。

1. 全剖面图

用剖切面完全地剖开物体所得的剖视图，称为全剖面图（见图 1 – 11）。全剖面主要用于表达内部形状复杂，外观结构相对简单的不对称物体。

2. 半剖面图

当物体具有对称平面时，向垂直于对称平面的投影面上投射所得的图形，可以对称中心线为界，一半画成剖面图，另一半画成视图。这样的图形称为半剖面图（见图 1 – 12）。

3. 局部剖面图

剖切面局部地剖开物体所得的剖面图称为局部剖面图。局部剖面图是一种灵活的表达方法，用不剖的视图部分表达物体的外观形状，用剖面图部分表达物体的内部结构。剖面图部分与视图部分的分界，一般用波浪线，有时也可用双折线代替波浪线（见图 1 – 13）。

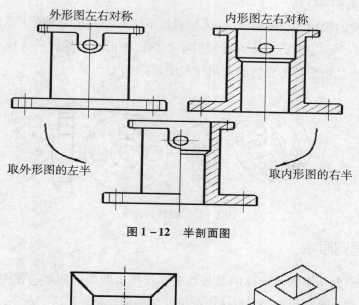

图 1－12　半剖面图

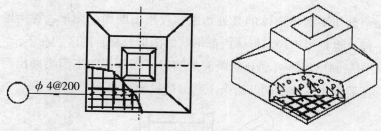

图 1－13　局部剖面图

4. 阶梯剖面图

当一个剖切平面不能将形体上需要表达的内部构造一齐剖开时，可将剖切平面转折成两个或者两个以上互相平行的平面，然后将形体沿着需要表达的地方剖开，再画出来的剖面图称为阶梯剖面图（见图 1－14）。

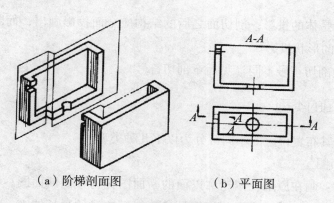

（a）阶梯剖面图　　　（b）平面图

图 1－14　阶梯剖面图

5. 旋转剖面图

用两个相交的铅垂剖切平面沿 $A-A$ 位置将不同形状的孔沿剖开，然后使其中半个剖面图形绕两个剖切平面的交线旋转到另半个剖面图形上，然后一齐向所平行的基本投影面投影所得的投影称为旋转剖面图（见图 1-15）。

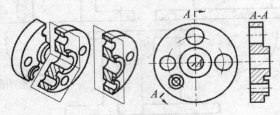

图 1-15　旋转剖面图

三、断面图概念

假想用一个剖切平面将形体的某处切断，仅画出断面的图形，称为断面图。断面图与剖面图一样，也是用来表示形体内部形状的图形。二者的区别在于：

（1）断面图只画出形体被剖开后断面的实形；而剖面图不但要画出形体被剖开后断面的实形，还要画出形体被剖开后余下部分的投影（见图 1-16）。

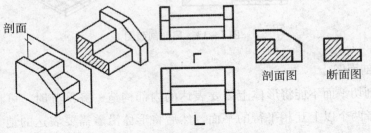

图 1-16　剖面图与断面图的区别

（2）剖面图是体的投影，剖切面之后的结构应全面投影画出；而断面图是面的投影，仅画出断面的形状投影。

（3）二者的剖切符号不同（见后章剖切符号）。

四、断面图的类型

断面图根据其布置位置的不同可分为以下几种类型。

1. 移出断面图

移出断面图：画在原来视图轮廓以面的断面图称为移出断面图；移出断面图的轮廓线用粗实线画出，并尽量画在剖切符号或剖切面迹线的延长线上，必要时也可将移出断面图配置在其他适当的位置（见图 1-17）。

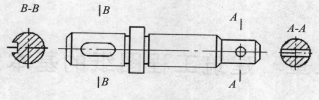

图1-17 移出断面图

2. 重合断面图

画在视图轮廓之内的断面图称为重合断面图。画重合断面图的轮廓线为细实线,当视图轮廓线与重合断面的图形重叠时,视图中轮廓线仍应连续画出,不可间断。其旋转方向可向上、向下、向左、向右(见图1-18)。

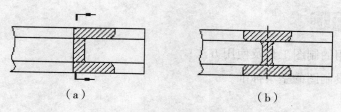

(a)   (b)

图1-18 重合断面图

3. 中断断面图

断面图画在构件投影图的中断处,就称为中断断面图。它主要用于一些较长且均匀变化的单一构件,中断断面图的原投影长度可缩短,但尺寸应完整地标注(见图1-19)。

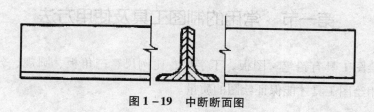

图1-19 中断断面图

课后思考题

1. 什么叫投影法?投影法分为哪两类?
2. 三面投影图是怎样建立的?
3. 轴测投影的优缺点分别是什么?
4. 剖面图与断面图的区别是什么?
5. 加强空间想象力的培养,如何提高动手能力?

第二章 建筑工程图纸的基本知识

国家有关建筑制图标准是正确识读建筑图纸的依据，本章将详细了解常用的制图标准相关内容。

🔍 知识目标

1. 了解常用的制图工具及使用方法；
2. 熟悉建设制图的基本标准。

✂️ 能力目标

1. 熟读《房屋建筑制图统一标准》（GB 50001—2010）；
2. 掌握图纸幅面，比例，字体，图线和尺寸标注等制图标准。

第一节 常用的制图工具及使用方法

常用的绘图工具有铅笔、图板、丁字尺、比例尺、三角板、圆规、分规、曲线板等，正确使用绘图工具才能保证绘图的质量。

一、铅笔

绘图用铅笔的铅芯按其软硬程度，分为 B 和 H 表示。通常，铅笔的选用原则如下：

（1）H 或 2H 铅笔用于画底稿，以及细实线、点画线、双点画线、虚线等；HB 或 B 铅笔用于画中粗线、写字等；B 或 2B 铅笔用于画粗实线。

（2）画底稿、细实线及写字的铅笔形状采用圆锥形，画粗实线的铅笔形状采用四棱柱形（断面成矩形）（见图 2-1）。

（3）铅笔应从没有标志的一端开始使用，保留标志易于识别。

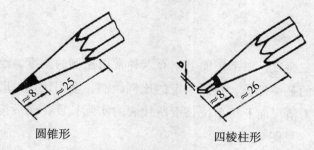

圆锥形　　　　　　　四棱柱形

图 2 - 1 铅笔的形状（单位：mm）

二、图板、丁字尺

图板是进行绘图时所使用的主要工具之一，主要用来固定图纸之用，图板的边框和板面应保持平整，图板的左侧边是丁字尺上下移动的导边，左侧边必须保持平直。图纸用胶带纸固定在图板上。丁字尺与图板配合使用，它主要用于画水平线和作三角板移动时的导边（见图 2 -2）。

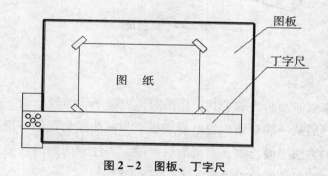

图板

丁字尺

图 纸

图 2 - 2 图板、丁字尺

三、三角板

一副三角板是两块分别具有 45°、30°、60° 的直角三角板，可与丁字尺配合使用，绘制垂直线、30°、45°、60° 及与水平线成 15° 倍角的直线（见图 2 -3）。

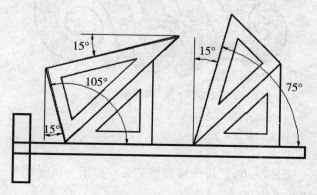

15°　　　15°

105°　　　75°

15°

图 2 - 3 三角板

四、比例尺

比例尺，又称三棱尺，三个棱面上刻有六种常用比例的刻度，绘图时经常将实际的工程物体或其中的某一部分，按照一定的比例绘制，应用比例尺时，首先在尺面上找到相应的比例，看清尺面上每单位长度所代表的实际长度，然后按照需要在上面量取相应的尺寸即可（见图 2-4）。

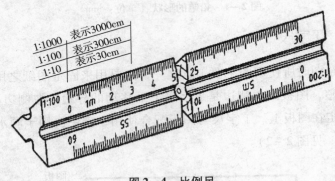

图 2-4　比例尺

五、曲线板

曲线板是用来画非圆曲线的工具，作图时，先徒手将曲线上的一系列点轻轻连成一条光滑曲线。然后从一端开始，找出曲线板上与该曲线吻合的一段，沿曲线板画出这段线。用同样的方法逐段绘制，直至最后一段。需注意的是前后衔接的线段应有一小段重合，这样才能保证所绘曲线光滑（见图 2-5）。

图 2-5　曲线板

六、其他

其他还有砂纸（见图 2-6），用于修磨铅芯头；擦图片（见图 2-7），用于修改图线时遮盖不需要擦掉的图线。

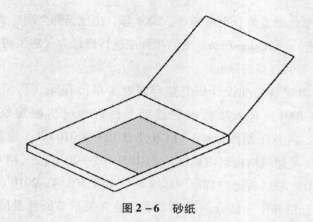

图 2-6 砂纸

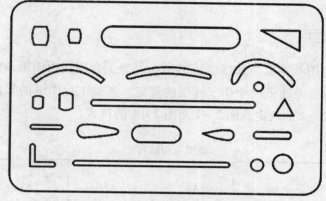

图 2-7 擦图片

第二节 建筑制图标准

建筑工程图是表达建筑工程设计的重要技术资料，是施工的依据。为了使建筑专业、室内设计专业制图规则，保证制图质量，提高制图效率，做到图面清晰、简明，符合设计、施工、存档的要求，适应工程建设的需要，工程图纸的规格、线形、尺寸的标注、图例及书写的字体都必须符合统一的建筑制图统一标准。

自新中国成立起来，为了适应国家建设的需要，1956 年国家建设委员会批准了《单色建筑图例标准》，建筑工程部设计总局发布了《建筑工程制图暂行标准》。在此基础上建筑工程部于 1965 年批准颁布了国家标准《建筑制图标准》（GBJ 9—1965），后来由国家基本建设委员会将它修订成《建筑制图标准》（GBJ 1—1973）。1986 年，由城乡建设环境保护部会同有关单位对《建筑制图标准》（GBJ 1—1973）进行修订，修订后的《建筑制图标准》共分为六本，《房屋建筑制图统一标准》（GBJ 1—1986）

为其中之一，由国家计划委员会批准颁布。2001 年，由建设部会同有关部门共同对《房屋建筑制图统一标准》（GBJ 1—1986）等六项标准进行修订为《房屋建筑制图统一标准》（GB 50001—2001）等六项新的标准。

2010 年，由中国建筑标准设计研究院会同有关单位在原《房屋建筑制图统一标准》（GB 50001—2001）等六项标准的基础上修订为《房屋建筑制图统一标准》（GB 50001—2010）、《总图制图标准》（GB/T 50103—2010）、《建筑制图统一标准》（GB 50104—2010）、《建筑结构制图标准》（GB 50105—2010）、《给水排水制图标准》（GB/T 50106—2010）和《暖通空调制图标准》（GB/T 50114—2010）现行的六项建筑制图标准。本节将介绍其中一部分内容，本书其他有关章节所涉及的相关内容也以此六项标准为依据。

一、图纸幅面

图纸幅面是指图纸宽度与长度组成的图面。为了合理使用图纸，便于装订，在国家标准里对图纸幅面及图框尺寸作了详细的规定，各类工程图纸的幅面及图框尺寸应符合表 2-1、表 2-2 的规定及图 2-1 至图 2-4 的格式。

表 2-1　　　　　　　　　　　　幅面及图框尺寸　　　　　　　　　　单位：mm

尺寸代号＼幅面代号	A0	A1	A2	A3	A4
$b \times l$	841×1189	594×841	420×594	297×420	210×297
c	10			5	
a	25				

图纸的短边尺寸不应加长，A0～A3 幅面长边尺寸可加长，但应符合表 2-2 的规定。图纸以短边作为垂直边应为横式，以短边作为水平边应为立式。A0～A3 图纸宜横式使用；必要时，也可立式使用。

表 2-2　　　　　　　　　　　　图纸长边加长尺寸　　　　　　　　　　单位：mm

幅面代号	长边尺寸	长边加长后的尺寸
A0	1189	1486（A0+1/4l），1635（A0+3/8l），1783（A0+1/2l），1932（A0+5/8l），2080（A0+3/4l），2230（A0+7/8l），2378（A0+l）
A1	841	1051（A1+1/4l），1261（A1+1/2l），1471（A1+3/4l），1682（A1+l），1892（A1+5/4l），2102（A1+3/2l）

幅面代号	长边尺寸	长边加长后的尺寸
A2	594	743（A2 + 1/4l）, 891（A2 + 1/2l）, 1041（A2 + 3/4l）, 1189（A2 + l）, 1338（A2 + 5/4l）, 1486（A2 + 3/2l）, 1635（A2 + 7/4l）, 1783（A2 + 2l）, 1932（A2 + 9/4l）, 2080（A2 + 5/2l）
A3	420	630（A3 + 1/2l）, 841（A3 + l）, 1051（A3 + 3/2l）, 1261（A3 + 2l）, 1471（A3 + 5/2l）, 1682（A3 + 3l）, 1892（A3 + 7/2l）

注：有特殊需要的图纸，可采用 $b×l$ 为 841×891 与 1189×1261 的幅面。

需要微缩复制的图纸，其一个边上应附有一段准确米制尺度，四个边上均附有对中标志，米制尺度的总长应为 100mm，分格应为 10mm。对中标志应画在图纸内框各边长的中点处，线宽 0.35mm，应伸入内框边，在框外为 5mm。对中标志的线段，于 l_1 和 b_1 范围取中。

一个工程设计中，每个专业所使用的图纸，不宜多于两种幅面，不含目录及表格所采用的 A4 幅面。

二、标题栏与会签栏

图纸中应有标题栏、图框线、幅面线、装订边线和对中标志。图纸的标题栏及装订边的位置，应符合下列规定。

横式使用的图纸，应按图 2 - 8、图 2 - 9 的形式进行布置：

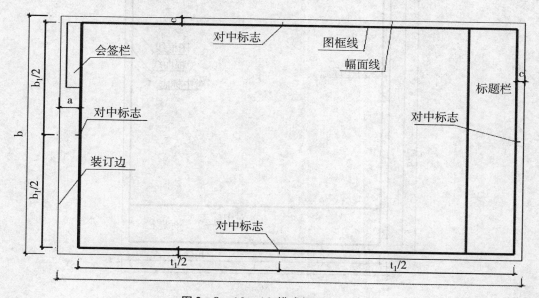

图 2 - 8　A0 ~ A3 横式幅面（一）

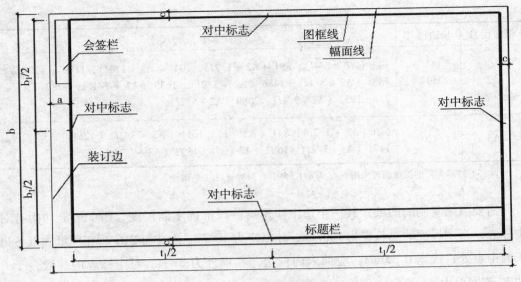

图 2 - 9   A0 ~ A3 横式幅面（二）

立式使用的图纸，应按图 2 - 10、图 2 - 11 的形式进行布置：

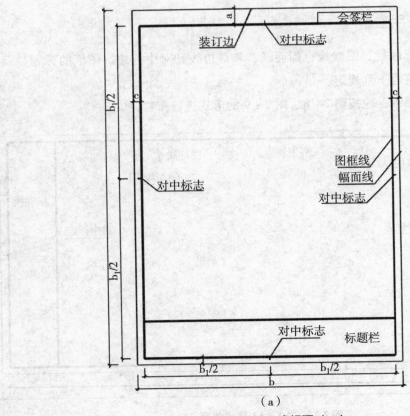

（a）

图 2 - 10   A0 ~ A4 立式幅面（一）

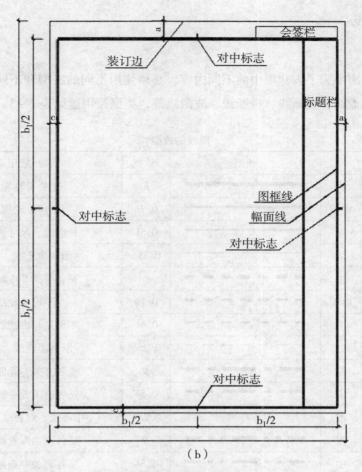

（b）

图 2 – 11　A0 ~ A4 立式幅面（二）

标题栏应按图 2 – 12 所示，根据工程需要确定其尺寸、格式及分区。签字区应包含实名列和签名列。

30~50	设计单位名称	注册师签章	项目经理	修改记录	工程名称区	图号区	签字区	会签栏

图 2 – 12　标题栏

涉外工程的标题栏内，各项主要内容的中文下方应附有译文，设计单位的上方或左方，应加"中华人民共和国"字样。

在计算机制图文件中当使用电子签名与认证时，应符合国家有关电子签名法的规定。

三、图线

1. 线型

建筑工程图中为了表达图中的不同内容，必须使用不同的线型和不同粗细的图线，图线有实线、虚线、点画线、折断线、波浪线等，类型及用途见表2-3。

表2-3 图线的线型

名称		线型	线宽	一般用途
实线	粗		b	主要可见轮廓线
	中粗		$0.7b$	可见轮廓线
	中		$0.5b$	可见轮廓线、尺寸线、变更云线
	细		$0.25b$	图例填充线、家具线
虚线	粗		b	见各有关专业制图标准
	中粗		$0.7b$	不可见轮廓线
	中		$0.5b$	不可见轮廓线、图例线
	细		$0.25b$	图例填充线、家具线
单点长画线	粗		b	见各有关专业制图标准
	中		$0.5b$	见各有关专业制图标准
	细		$0.25b$	中心线、对称线、轴线等
双点长画线	粗		b	见各有关专业制图标准
	中		$0.5b$	见各有关专业制图标准
	细		$0.25b$	假想轮廓线、成型前原始轮廓线
折断线	细		$0.25b$	断开界线
波浪线	细		$0.25b$	断开界线

2. 线宽

图线的宽度 b，宜从 1.4mm、1.0mm、0.7mm、0.5mm、0.35mm、0.25mm、0.18mm、0.13mm 线宽系列中选取。图线宽度不应小于 0.1mm。每个图样，应根据复杂程度与比例大小，先选定基本线宽 b，再选用表2-4中相应的线宽组。

表2-4 线宽组 单位：mm

线宽比	线宽组			
b	1.4	1.0	0.7	0.5
$0.7b$	1.0	0.7	0.5	0.35

续　表

线宽比	线宽组			
0.5b	0.7	0.5	0.35	0.26
0.25b	0.35	0.25	0.18	0.13

注: 1. 需要缩微的图纸，不宜采用 0.18mm 及更细的线宽。

　　2. 同一张图纸内，各不同线宽中的细线，可统一采用较细的线宽组的细线。

图纸的图框和标题栏线的线宽设置可依据用表 2 - 5 的线宽。

表 2 - 5　　　　　　　　　　**图框线、标题栏线的宽度**　　　　　单位：mm

幅面代号	图框线	标题栏外框线	标题栏分格线
A0、A1	b	0.5b	0.25b
A2、A3、A4	b	0.7b	0.35b

此外，建筑工程图中有关图线还需遵守以下规定：

（1）相互平行的图例线，其净间隙或线中间隙不宜小于 0.2mm。

（2）单点长画线或双点长画线，当在较小图形中绘制有困难时，可用实线代替。

（3）单点长画线或双点长画线的两端，不应是点。点画线与点画线交接点或点画线与其他图线交接时，应是线段交接。

（4）虚线与虚线交接或虚线与其他图线交接时，应是线段交接。虚线为实线的延长线时，不得与实线相接。

（5）图线不得与文字、数字或符号重叠、混淆，不可避免时，应首先保证文字的清晰。

四、字体

建筑图纸中字体的基本要求有：

（1）图纸上所需书写的文字、数字或符号等，均应笔画清晰、字体端正、排列整齐；标点符号应清楚正确。

（2）文字的字高，应从表 2 - 6 中选用。字高大于 10mm 的文字宜采用 True type 字体，如需书写更大的字，其高度应按 $\sqrt{2}$ 的倍数递增。

表 2 - 6　　　　　　　　　　　**文字的字高**　　　　　　　　　単位：mm

字体种类	中文矢量字体	True type 字体及非中文矢量字体
字高	3.5、5、7、10、14、20	3、4、6、8、14、20

（3）图样及说明中的汉字，宜采用长仿宋体（矢量字体）或黑体，同一图纸字体种类不应超过两种。长仿宋体的宽度与高度的关系应符合表2-7的规定，黑体字的宽度与高度应相同。大标题、图册封面、地形图等的汉字，也可书写成其他字体，但应易于辨认。

表2-7　　　　　　　　　　　　　长仿宋字高宽关系　　　　　　　　　　　单位：mm

字高	20	14	10	7	5	3.5
字宽	14	10	7	5	3.5	2.5

（4）图样及说明中的拉丁字母、阿拉伯数字与罗马数字，宜采用单线简体或 RO-MAN 字体。拉丁字母、阿拉伯数字与罗马数字的书写规则，应符合表2-8的规定。

表2-8　　　　　　　　拉丁字母、阿拉伯数字与罗马数字的书写规则

书写格式	字体	窄字体
大写字母高度	h	h
小写字母高度（上下均无延伸）	$7/10h$	$10/14h$
小写字母伸出的头部或尾部	$3/10h$	$4/14h$
笔画宽度	$1/10h$	$1/14h$
字母间距	$2/10h$	$2/14h$
上下行基准线的最小间距	$15/10h$	$21/14h$
词间距	$6/10h$	$6/14h$

（5）此外，汉字的简化字书写应符合国家有关汉字简化方案的规定。拉丁字母、阿拉伯数字与罗马数字，如需写成斜体字，其斜度应是从字的底线逆时针向上倾斜75°。斜体字的高度和宽度应与相应的直体字相等。拉丁字母、阿拉伯数字与罗马数字的字高，不应小于2.5mm。数量的数值注写，应采用正体阿拉伯数字。各种计量单位凡前面有量值的，均应采用国家颁布的单位符号注写。单位符号应采用正体字母。分数、百分数和比例数的注写，应采用阿拉伯数字和数学符号。当注写的数字小于1时，应写出个位的"0"，小数点应采用圆点，齐基准线书写。长仿宋汉字、拉丁字母、阿拉伯数字与罗马数字示例应符合国家现行标准《技术制图——字体》（GB/T 14691—1993）的有关规定。

五、比例

图样的比例即为图形与实物相对应的线性尺寸之比。比例的符号为"："，以阿拉伯数字表示；宜注写在图名的右侧，字的基准线应取平；比例的字高宜比图名的字高

小一号或二号。

绘图所用的比例应根据图样的用途与被绘对象的复杂程度，从表2-9中选用，并应优先采用表中常用比例。

表2-9	绘图所用的比例
常用比例	1:1、1:2、1:10、1:20、1:30、1:50、1:100、1:150、1:200、1:500、1:1000、1:2000
可用比例	1:3、1:4、1:6、1:15、1:25、1:40、1:60、1:80、1:250、1:300、1:400、1:600、1:5000、1:10000、1:20000、1:50000、1:100000、1:200000

一般情况下，一个图样应选用一种比例。根据专业制图需要，同一图样可选用两种比例。

特殊情况下也可自选比例，这时除应注出绘图比例外，还必须在适当位置绘制出相应的比例尺。

六、绘图符号

1. 剖切符号

剖切符号根据剖切的方式不同分为剖视的剖切符号和断面的剖切符号两种。

（1）剖视的剖切符号应由剖切位置线及剖视方向线组成，均应以粗实线绘制。剖视的剖切符号应符合下列规定：

①剖切位置线的长度宜为6~10mm；剖视方向线应垂直于剖切位置线，长度应短于剖切位置线，宜为4~6mm（见图2-13），也可采用国际统一和常用的剖视方法（见图2-14）。绘制时，剖视的剖切符号不应与其他图线相接触。

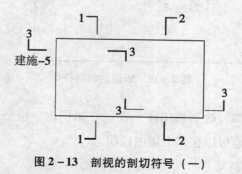

图2-13 剖视的剖切符号（一）

②剖视的剖切符号的编号宜采用粗体的阿拉伯数字，按剖切顺序由左至右、由下向上连续编排，并应注写在剖视方向线的端部。

③需要转折的剖切位置线，应在转角的外侧加注与该符号相同的编号。

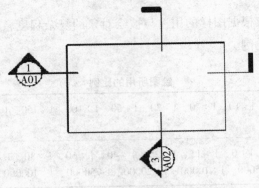

图 2 - 14 剖视的剖切符号（二）

④建（构）筑物剖面图的剖切符号应注在 ±0.000 标高的平面图或首层平面图上。

⑤局部剖面图（不含首层）的剖切符号应注在包含剖切部位的最下面一层的平面图上。

（2）断面的剖切符号应符合下列规定：

①断面的剖切符号应只用剖切位置线表示，并应以粗实线绘制，长度宜为 6 ~ 10mm。

②断面的剖切符号的编号宜采用阿拉伯数字，按顺序连续编排，并应注写在剖切位置线的一侧；编号所在的一侧应为该断面的剖视方向（见图 2 - 15）。

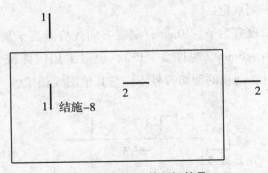

图 2 - 15　断面的剖切符号

剖面图或断面图，如与被剖切图样不在同一张图内，应在剖切位置线的另一侧注明其所在图纸的编号，也可以在图上集中说明。

2. 索引符号、详图符号

（1）索引符号

图样中的某一局部或构件，如需另见详图，应标注索引符号，如图 2 - 16（a）所示。索引符号是由直径为 8 ~ 10mm 的圆和水平直径组成，圆及水平直径应以细实线绘制。

一般情况下，索引符号应按下列规定编写：

①索引出的详图，如与被索引的详图同在一张图纸内，应在索引符号的上半圆中用阿拉伯数字注明该详图的编号，并在下半圆中间画一段水平细实线，如图2－16（b）所示。

②索引出的详图，如与被索引的详图不在同一张图纸内，应在索引符号的上半圆中用阿拉伯数字注明该详图的编号，在索引符号的下半圆用阿拉伯数字注明该详图所在图纸的编号，如图2－16（c）所示。数字较多时，可加文字标注。

③索引出的详图，如采用标准图，应在索引符号水平直径的延长线上加注该标准图册的编号，如图2－16（d）所示。需要标注比例时，文字在索引符号右侧或延长线下方，与符号下对齐。

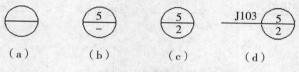

图2－16　索引符号

如果索引符号如用于索引剖视详图，应在被剖切的部位绘制剖切位置线，并以引出线引出索引符号，引出线所在的一侧应为剖视方向。索引符号的编写同一般规定（见图2－17）。

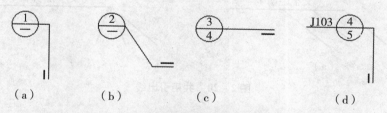

图2－17　用于索引剖面详图的索引符号

（2）详图符号

详图的位置和编号，应以详图符号表示。详图符号的圆应以直径为14mm粗实线绘制。详图应按下列规定编号：

①详图与被索引的图样同在一张图纸内时，应在详图符号内用阿拉伯数字注明详图的编号，如图2－18（a）所示。

②详图与被索引的图样不在同一张图纸内时，应用细实线在详图符号内画一水平直径，在上半圆中注明详图编号，在下半圆中注明被索引的图纸的编号，如图2－18（b）所示。

（a）　　　　　　　（b）

图 2 – 18　详图符号

3. 引出线

（1）一般情况下的引出线。引出线应以细实线绘制，宜采用水平方向的直线、与水平方向成 30°、45°、60°、90°的直线，或经上述角度再折为水平线。文字说明宜注写在水平线的上方，如图 2 – 19（a）所示，也可注写在水平线的端部，如图 2 – 19（b）所示。索引详图的引出线，应与水平直径线相连接，如图 2 – 19（c）所示。

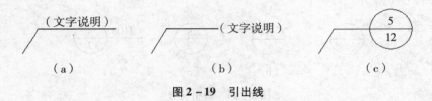

（a）　　　　　　　（b）　　　　　　　（c）

图 2 – 19　引出线

（2）共用引出线。同时引出的几个相同部分的引出线，宜互相平行，如图 2 – 20（a）所示，也可画成集中于一点的放射线，如图 2 – 20（b）所示。

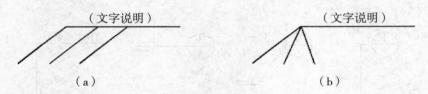

（a）　　　　　　　　　　　（b）

图 2 – 20　共用引出线

（3）多层共用引出线

多层构造或多层管道共用引出线，应通过被引出的各层，并用圆点示意对应各层次。文字说明宜注写在水平线的上方，或注写在水平线的端部，说明的顺序应由上至下，并应与被说明的层次对应一致；如层次为横向排序，则由上至下的说明顺序应与由左至右的层次对应一致（见图 2 – 21）。

4. 其他符号

（1）对称符号。对称符号由对称线和两端的两对平行线组成。对称线用细单点长画线绘制；平行线用细实线绘制，其长度宜为 6 ~ 10mm，每对的间距宜为 2 ~ 3mm；对称线垂直平分于两对平行线，两端超出平行线宜为 2 ~ 3mm，如图 2 – 22（a）所示。

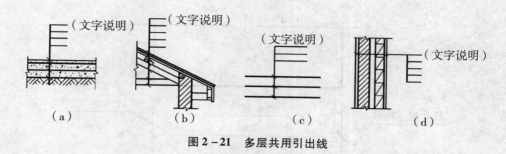

图 2-21 多层共用引出线

（2）连接符号。连接符号应以折断线表示需连接的部位。两部位相距过远时，折断线两端靠图样一侧应标注大写拉丁字母表示连接编号。两个被连接的图样应用相同的字母编号，如图 2-22（b）所示。

（3）指北针。指北针的形状符合图 2-22（c）的规定，其圆的直径宜为 24 mm，用细实线绘制；指针尾部的宽度宜为 3 mm，指针头部应注"北"或"N"字。需用较大直径绘制指北针时，指针尾部的宽度宜为直径的 1/8。

（4）变更云线。对图纸中局部变更部分宜采用云线，并宜注明修改版次，如图 2-22（d）所示。

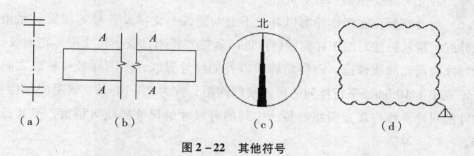

图 2-22 其他符号

七、尺寸标注

在按一定的比例绘制出建（构）筑物的图形后，还必须完整、准确地标注出实际尺寸，作为施工、竣工结算的依据。尺寸标注包括尺寸界限、尺寸线、尺寸起止符号和尺寸数字四部分组成（见图 2-23）。

尺寸标注应遵循以下规定：

（1）尺寸界线应用细实线绘制，一般应与被注长度垂直，其一端应离图样轮廓线不应小于 2mm，另一端宜超出尺寸线 2~3mm。图样轮廓线可用作尺寸界线。

（2）尺寸线应用细实线绘制，应与被注长度平行。图样本身的任何图线均不得用作尺寸线。

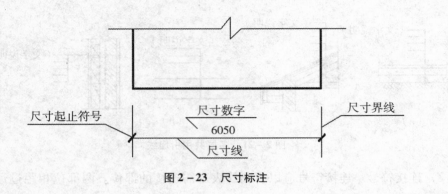

图 2 - 23　尺寸标注

（3）尺寸起止符号一般用中粗斜短线绘制，其倾斜方向应与尺寸界线成顺时针45°角，长度宜为 2 ~ 3mm。半径、直径、角度与弧长的尺寸起止符号，宜用箭头表示。

（4）图样上的尺寸，应以尺寸数字为准，不得从图上直接量取。图样上的尺寸单位，除总平面图标高以米为单位外，其他必须以毫米为单位。

（5）尺寸数字一般应依据其方向注写在靠近尺寸线的上方中部。如没有足够的注写位置，最外边的尺寸数字可注写在尺寸界线的外侧，中间相邻的尺寸数字可上下错开注写，引出线端部用圆点表示标注尺寸的位置。

（6）尺寸宜标注在图样轮廓以外，不宜与图线、文字及符号等相交。互相平行的尺寸线，应从被注写的图样轮廓线由近向远整齐排列，较小尺寸应离轮廓线较近，较大尺寸应离轮廓线较远。图样轮廓线以外的尺寸界线，距图样最外轮廓之间的距离，不宜小于 10mm。平行排列的尺寸线的间距，宜为 7 ~ 10mm，间距应保持一致。总尺寸的尺寸界线应靠近所指部位，中间的分尺寸的尺寸界线可稍短，但其长度应相等。

（7）半径的尺寸线应一端从圆心开始，另一端画箭头指向圆弧。半径数字前应加注半径符号"R"。标注圆的直径尺寸时，直径数字前应加直径符号"φ"。在圆内标注的尺寸线应通过圆心，两端画箭头指至圆弧。

（8）角度的尺寸线应以圆弧表示。该圆弧的圆心应是该角的顶点，角的两条边为尺寸界线。起止符号应以箭头表示，如没有足够位置画箭头，可用圆点代替，角度数字应沿尺寸线方向注写。标注圆弧的弧长时，尺寸线应以与该圆弧同心的圆弧线表示，尺寸界线应指向圆心，起止符号用箭头表示，弧长数字上方应加注圆弧符号"⌒"。标注圆弧的弦长时，尺寸线应以平行于该弦的直线表示，尺寸界线应垂直于该弦，起止符号用中粗斜短线表示。

（9）薄板板面标注板厚尺寸时，应在厚度数字前加厚度符号"t"。标注正方形的尺寸，可用"边长×边长"的形式，也可在边长数字前加正方形符号"□"。标注坡度时，应加注坡度符号"➔"，该符号为单面箭头，箭头应指向下坡方向，坡度也可用直角三角形形式标注。外形为非圆曲线的构件，可用坐标形式标注尺寸。复杂的图形，可用网格形式标注尺寸。

课后思考题

1. 常用的制图工具有哪些？
2. 常用的 A3、A4 幅面及图框尺寸是多少？
3. 横式幅面和立式幅面的区别是什么？
4. 剖切、断面符号如何标注？
5. 尺寸标注由哪几部分组成？

第三章　建筑施工图

建筑施工图是全套建筑工程施工图纸中具有重要引导作用的图纸，从了解建筑外观、平面布局开始看建筑施工图。

知识目标

1. 熟悉建筑施工图的组成和各部分主要内容；
2. 熟悉建筑施工图的常用图例和尺寸要求。

能力目标

1. 掌握建筑施工图的识读方法和要求；
2. 建筑施工图的内容分析。

第一节　概述

房屋的建造需要经过两个阶段：一是设计阶段，二是施工阶段。房屋在进行施工建设之前，必须先进行相关施工设计，施工设计是房屋建设的基础和依据。

一、建筑工程施工图设计

房屋建筑工程设计一般分为三个阶段：初步设计、技术设计和施工图设计。施工图设计为工程设计的一个阶段，在技术设计、初步设计两阶段之后。这一阶段主要通过图纸，把设计者的意图和全部设计结果表达出来，作为施工制作的依据，它是设计和施工工作的桥梁。

民用工程施工图设计应形成所有专业的设计图纸：含图纸目录、说明，以及必要的设备、材料表，并按照要求编制工程预算书。施工图设计文件，应满足设备材料采购，非标准设备制作和施工的需要。而对于工业项目来说包括建设项目各分部工程的详图和零部件，结构件明细表，以及验收标准方法等。

二、建筑工程施工图

1. 建筑施工图概念

建筑工程施工图是使用正投影的方法把所设计的房屋的大小、规划位置、外部造型、内部布置、室内外装修、细部构造、固定设施及施工要求等的做法，按照建筑制图国家标准的规定，用建筑专业的习惯画法详尽、准确地表达出来，并标准尺寸和文字说明的一系列图样。

工程施工图具有图纸齐全、表达准确、要求具体的特点，是进行工程施工、编制施工图预算和施工组织设计的依据，也是进行技术管理的重要技术文件。

2. 建筑工程施工图的分类

一套完整的建筑工程施工图，根据其内容不同可分为以下几部分。

（1）建筑施工图（简称建施）：主要用来表示房屋的规划位置、外部造型、内部布置、内外装修、细部构造、固定设施及施工要求等。它包括施工图首页、总平面图、平面图、立面图、剖面图和详图。

（2）结构施工图（简称结施）：主要表示房屋承重结构的布置、构件类型、数量、大小及做法等。它包括结构布置图和构件详图。

（3）设备施工图（简称设施）：主要表示各种设备、管道和线路的布置、走向及安装施工要求等。

设备施工图又分为给水排水施工图（水施）、供暖施工图（暖施）、通风与空调施工图（通施）、电气施工图（电施）等。

三、建筑工程施工图的识读

1. 建筑工程施工图识读方法

一幢房屋从施工到建成，需要有全套建筑工程施工图为指导。而阅读这些工程施工图时应有比较科学合理的方法，依据相关人员的经验，可将施工图的识读方法归纳为：上下左右大小顺序；先整体后局部；先文字说明后图样；先基本图样后详图；建施与结施结合、设备施工图参照识读。具体如下：

（1）上下左右大小顺序：从下往上、从左至右、由大至小的看图顺序是施工图识读的一般顺序，这种顺序既符合看图的习惯也符合制图的次序。

（2）先整体后局部：先把整个图集粗看一遍，了解工程整体情况、总体要求，然后再细看每张图，熟悉柱网尺寸、平面布局等，最后对照详图，了解细部尺寸、施工做法。

— 31 —

（3）先文字说明后图样：建筑工程施工图纸文字说明包括总说明和各专业的说明。总说明是全部施工图文件的重要组成部分，位于文件的最前面。对工程进行整体描述，而各专业的进一步说明则详细说明使用的各种材料及半成品的性能、外观的色调等；采用的标准图集代号及详图号等。识读时应先仔细阅读文字说明，再识读图件。

（4）先基本图样后详图：建筑工程施工图的基本图样包括建筑总平面图、平面图、立面图、剖面图等，识图时应先对平面图、立面图等基本图样进行识读，再根据当中的详图索引符号识读各部分的详图。

（5）建筑施工图与结构施工图结合、设备施工图参照识读：各专业的施工图都是相互配合、一一对应，紧密联系的，只有结合起来看，才能全面理解整套施工图。

2. 建筑工程施工图识读内容

建筑工程施工图的识读应根据识读方法有序、系列地识读，各专业图纸互相结合、参照，反复熟悉，才能完整、细致地掌握整套图纸的内容。

（1）读总说明，通过总说明里的目录表，了解整套图纸的组成。

（2）识读建筑施工图，了解建筑的规划位置、外部造型、内部布置、内外装修、细部构造、固定设施及施工要求等。

（3）识读结构施工图，了解基础、柱（墙）、梁、板等承重构件的布置，使用的材料，形状，大小及内部构造。

（4）识读设备施工图，了解建筑给水排水、电气、暖通等设备方面的情况。

（5）建筑施工图与结构施工图相结合，并参照设备施工图，从整体到局部，从局部到整体，反复完整地识图。

3. 建筑工程施工图识读步骤

建筑施工图（建施）主要用来表示房屋的规划位置、外部造型、内部布置、内外装修、细部构造、固定设施及施工要求等。建筑施工图是施工定位放线、内外装饰施工的依据，也是结构、设备施工图的依据。它包括施工图首页、总平面图、平面图、立面图、剖面图和详图。根据经验，建筑施工图的识读方法与步骤可归纳为：

（1）先看目录。了解建筑性质，是结构类型，建筑面积大小，图纸张数等信息。

（2）按照图纸目录检查各类图纸是否齐全，有无错误，标准图是哪一类。把它们查全准备在手边，以便可以随时查看。

（3）看设计说明。了解建筑概况和施工技术要求。

（4）看总平面图。了解建筑物的地理位置、高程、朝向及建筑有关情况，考虑如何进行定位放线。

（5）看完总平面图，依次看平面图、立面图、剖面图，通过平、立、剖面图，在脑海中逐步建立该建设项目的立体形象。

（6）通过平、立、剖形成建筑的轮廓以后，再通过详图了解各构件、配件的位置，以及它们之间的具体构造。

第二节 建筑总平面图

一、概述

建筑总平面图是用水平投影法和相应的图例，在画有等高线或加上坐标方格网的地形图上，画出新建、拟建、原有和要拆除的建筑物、构筑物的图样，称为总平面图（见图3-4）。主要表示整个建筑范围的总体布局，具体表达新建房屋的位置、朝向及周围环境（原有建筑、交通道路、绿化、地形）基本情况的图样。它是新建房屋定位、施工放线、布置施工现场的依据。

总平面图包括的范围比较大，根据《总图制图标准》（GB/T 50103—2010）的有关规定，总平面图的比例一般用1：300、1：500、1：1000、1：2000。

总平面图所采用的比例较小，各种有关物体均不能按投影关系如实反映出来，而只能用图例的形式表示。各类制图国家标准中列出了建筑总平面图的常用图例（见表3-1），在较复杂的总平面图中，如用了制图国家标准中没有的图例，应在图纸中的适当位置绘出新增加的图例。

表3-1　　　　　　　　　部分总平面图图例

名称	图例	名称	图例
新建建筑物		台阶及无障碍坡道	
计划扩建的预留地或建筑物		新建道路	
		地形测量坐标系	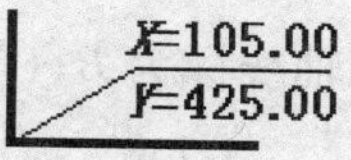 $X=105.00$ $Y=425.00$

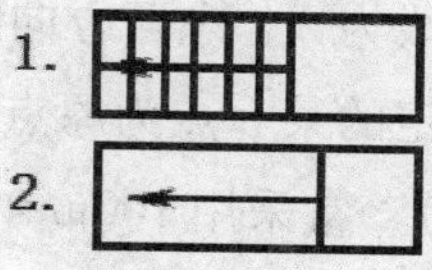

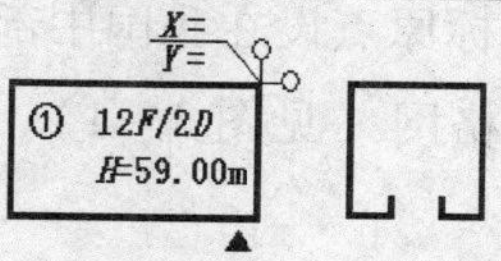

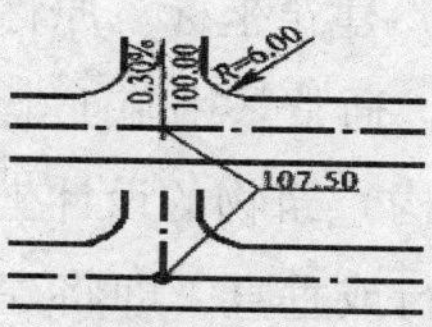

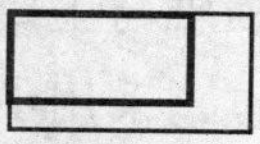

— 33 —

名称	图例	名称	图例
原有 建筑物		自设坐标系	$A=105.00$ $B=425.00$
拆除的 建筑物		水池、 坑槽	
建筑物下 面的通道		人行道	
散状材料 露天堆场		桥梁	
其他材料 露天堆场		自然水体	

二、建筑总平面图的识读内容

建筑总平面图一般包括以下内容：

1. 城市坐标网、场地建筑坐标网、坐标值；场地四界的城市坐标和场地建筑坐标（或注尺寸）

为了保证图纸中位置的正确及设计及施工的方便，总平面图常用坐标表示建筑物、道路等的位置，常用的坐标系有下列几种方法。

（1）测量坐标。是国家相关部门提供的用细线画成交叉十字线的坐标网，南北方向的轴线为 X，东西方向的轴线为 Y，这样的坐标称为测量坐标。如，其坐标网络是以国家规定的某一点为原点（如西安 80 坐标系的坐标原点设在我国中部的陕西省泾阳县永乐镇），常采用 100m×100m 或 50m×50m 的方格网（见图 3-1）。建筑总平面图中常用此坐标系表达建筑的位置。

（2）建筑坐标。原称施工坐标。设计时为了工作上的方便，在建筑工程设计总平面图上，通常采用施工坐标系（即假定坐标系）来求算建筑方格网的坐标，以便使所有建（构）筑物的设计坐标均为正值，且坐标纵轴和横轴与主要建筑物或主要管线的轴线平行或垂直，即将建筑区域内某一点定为"0"点，采用 100m×100m 或 50m×50m 的方格网，沿建筑物主墙方向用细实线画成方格网通线，横墙方向轴线标为 A，纵墙方向的轴线标为 B（见图 3-1）。

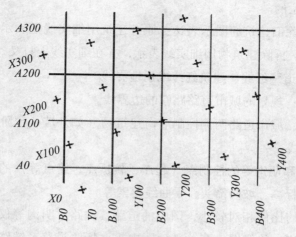

图 3 – 1　测量坐标与建筑坐标

2. 建筑物、构筑物（人防工程、化粪池等隐蔽工程以虚线表示）定位的场地建筑坐标（或相互关系尺寸）、名称（或编号）、室内标高及层数

（1）标高。标高是指以某一水平面作为基准面，并作零点（水准原点）起算地面（楼面）至基准面的垂直高度，标高是用来控制建筑物高度与准确度的，标高数字应以米为单位，注写到小数点以后第三位，在总平面图中，可注写到小数字点以后第二位。标高分为相对标高和绝对标高两种。

①绝对标高是将选定某区平均海平面定为绝对标高的零点，其他各地区的标高以它为基准推算。我国把青岛市外的黄海海平面作为零点所测定的高度尺寸，称为绝对标高。总平面图室外地坪标高符号用绝对标高表示，采用涂黑的三角形表示，其符号表达见图 3 – 2（a）。

②相对标高是把室内首层地面高度定为相对标高的零点，用于建筑物施工图的标高标注，其符号表达见图 3 – 2（b）。

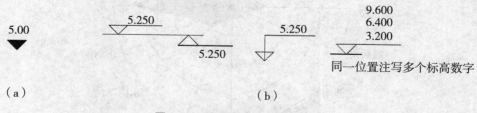

图 3 – 2　绝对标高与相对标高

（2）新建拟建建筑物的图示表达：拟建房屋，用粗实线框表示，并在线框内用数字表示建筑层数；总平面图的主要任务是确定新建建筑物的位置，通常是利用原有建

筑物、道路等来定位的。

（3）原有、拆除旧建筑的图示表达：原有建筑用细实线框表示，并在线框内也用数字表示建筑层数。拆除建筑物用细实线表示，并在细实线上打叉。

3. 场地四界、道路红线、建筑红线或用地界线

（1）道路红线：规划的城市道路路幅的边界线。

（2）建筑红线：城市道路两侧控制沿街建筑物（如外墙、台阶等）靠临街面的界线。又称建筑控制线。

4. 道路、铁路和明沟等的控制点（起点、转折点、终点等）的场地建筑坐标（或相互关系尺寸）和标高、坡向箭头、平曲线要素等

由于总平面图的比例相对较小，图中的道路、铁路、明沟等仅表示它们与建筑物的关系，不能作为施工的依据。在总平面图中需要标注道路、铁路和明沟等的中心控制点（包括转向点、交叉点、变坡点的位置、高程、道路坡度、坡向）等，以此表示道路的标高与平面位置。

5. 指北针、风向玫瑰图

指北针的相关规定见前章［见图 2 - 22（c）］。风向玫瑰图：风向玫瑰图（简称风玫瑰图）也叫风向频率玫瑰图，它是根据某一地区多年平均统计的各个风向和风速的百分数值，并按一定比例绘制，一般多用 8 个或 16 个罗盘方位表示，由于形状酷似玫瑰花朵而得名（见图 3 - 3）。

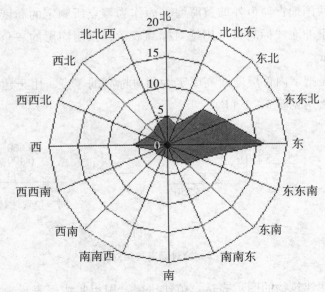

图 3 - 3　风向玫瑰图

风向玫瑰图上所表示的风的吹向，是指从外部吹向地区中心的方向，各方向上按统计数值画出的线段，表示此方向风频率的大小，线段越长表示该风向出现的次数越多。将各个方向上表示风频的线段按风速数值百分比绘制成不同颜色的分线段，即表示出各风向的平均风速，此类统计图称为风频风速玫瑰图。

建筑朝向在考虑日照的同时，也应注意主导风向，争取良好的自然通风是选择建筑朝向的主要因素之一，建筑物朝向应该尽量布置在与夏季主导风向入射角小于45°的朝向上。使室内得到更多的"穿堂风"。

6. 技术经济指标

此外，建筑总平面图中还应标注包括总用地面积、建筑占地面积、总建筑面积、绿地面积、道路广场占地面积、建筑密度、绿地率、容积率、机动车停车位等内容的项目技术经济指标列表。

7. 设计说明

尺寸单位、比例、城市坐标系统和高程系统的名称、城市坐标网与场地建筑坐标网的相互关系、补充图例、施工图的设计依据等。

三、建筑总平面图的识读要点

（1）识读图名、比例、图例及有关文字说明，了解用地功能和工程性质（见图3-4）。

（2）识读总体布局和技术经济指标表，了解用地范围内建筑物和构筑物（新建、原有、拟建、拆除）、道路、场地和绿化等布置情况。

（3）识读新建工程，明确建筑类型、平面规模、层数。

（4）识读新建工程相邻的建筑、道路等周边环境。新建工程一般根据原有建筑或者道路来定位，查找新建工程的定位依据，明确新建工程的具体位置和定位依据，了解新建房屋四周的道路、绿化情况。

（5）识读指北针或风向频率玫瑰图，可知该地区常年风向频率，明确新建工程的朝向。由图3-3的风向玫瑰图可知，该区域全年的主导风向是偏东风和东北风。

（6）识读新建建筑底层室内地面、室外整平地面、道路的绝对标高，明确室内外地面高差，了解道路控制标高和坡度。

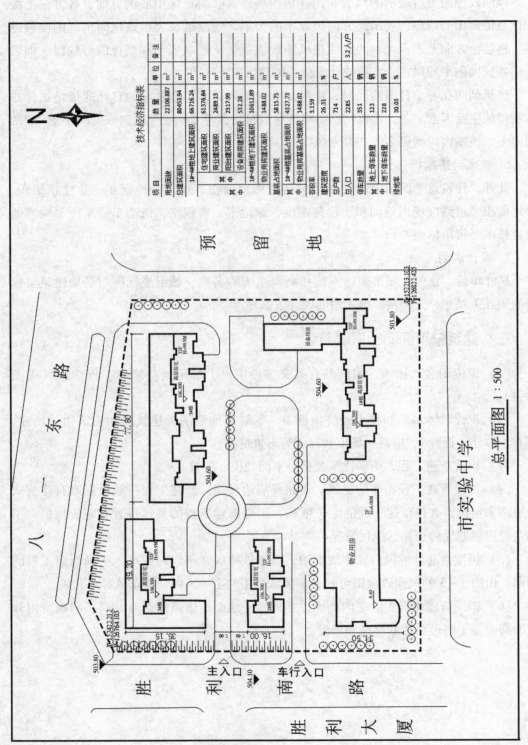

技术经济指标表			
项目	数量	单位	备注
用地面积	22106.887	m²	
总建筑面积	80453.94	m²	
1#~4#楼地上建筑面积	66716.24	m²	
其中	住宅建筑面积	61376.84	m²	
	商业建筑面积	2489.13	m²	
	阳台建筑面积	2317.99	m²	
	设备用房建筑面积	532.28	m²	
1#~4#楼地下建筑面积	10612.89	m²	
物业用房建筑面积	1488.02	m²	
基底占地面积	5815.75	m²	
其中	1#~4#楼基底占地面积	4327.73	m²	
	物业用房基底占地面积	1488.02	m²	
容积率	3.159		
建筑密度	26.31	%	
总户数	714	户	
总人口	2285	人	3.2人/户
停车数量	351	辆	
其中	地上停车数量	123	辆	
	地下停车数量	228	辆	
绿地率	30.03	%	

总平面图 1:500

图3-4 ×居住小区建筑总平面图

第三节　建筑平面图

一、概述

建筑平面图是用一个假想的水平剖切面沿建筑窗台以上的位置水平剖切房屋后，移去上面的部分，对剩下部分向 H 面做正投影，所得的水平剖面图，称为建筑平面图，简称平面图（见图 3-5）。

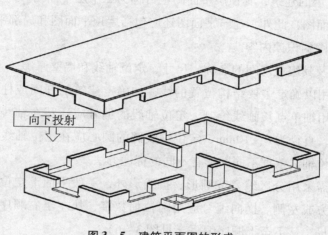

图 3-5　建筑平面图的形成

建筑平面图是建筑施工图的基本样图，表现房屋的平面形状、大小和布置；墙、柱的位置、尺寸和材料；门窗的类型和位置等。

建筑平面图作为建筑设计、施工图纸中的重要组成部分，它反映建筑物的功能需要、平面布局及其平面的构成关系，是决定建筑立面及内部结构的关键环节。其主要反映建筑的平面形状、大小、内部布局、地面、门窗的具体位置和占地面积等情况。所以说，建筑平面图是新建建筑物的施工及施工现场布置的重要依据，也是设计及规划给水排水、强弱电、暖通设备等专业工程平面图和绘制管线综合图的依据。

二、建筑平面图的组成及内容

1. 建筑平面图的构成

（1）底层平面图（见图 3-11）：又称一层平面图或首层平面图。它是所有建筑平面图中首先绘制的一张图。底层平面图应将剖切平面选房在房屋的一层地面与从一楼通向二楼的休息平台之间，且要尽量通过该层上所有的门窗洞。

（2）中间标准层平面图（见图3-12），由于房屋内部平面布置的差异，对于多层建筑而言，应该有一层就画一个平面图。其名称就用本身的层数来命名，例如"二层平面图"或"三层平面图"等。但在实际的建筑设计过程中，多层建筑往往存在许多相同或相近平面布置形式的楼层，因此在实际绘图时，可将这些相同或相近的楼层合用一张平面图来表示。这张合用的图，就叫作标准层平面图，有时也可以用其对应的楼层命名，例如"二至六层平面图"等。

（3）顶层平面图（见图3-13）：房屋最高层的平面布置图，也可用相应的楼层数命名，如一幢20层的建筑，其顶层平面图也可称为二十层平面图。

（4）其他平面图：此外，建筑平面图还应包括屋顶平面图和局部平面图。

2. 建筑平面图的识读内容

（1）建筑物及其组成房间的名称、尺寸、定位轴线和墙壁厚等。

定位轴线是用以确定主要结构位置的线，如确定建筑的开间或柱距，进深或跨度的线。定位轴线用细单点长画线绘制。定位轴线的编号应注写在轴线端部的圆内，圆应用细实线绘制，直径为8~10mm，定位轴线圆的圆心应在定位轴线的延长线或延长线的折线上。定位轴线依据不同图形有不同的标注方法。

①除较复杂需采用分区编号或圆形、折线形外，一般平面上定位轴线的编号，宜标注在图样的下方或左侧。横向编号应用阿拉伯数字，从左至右顺序编写；竖向编号应用大写拉丁字母，从下至上顺序编写（见图3-6）。

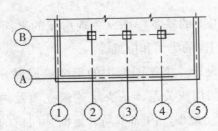

图3-6　定位轴线的编号顺序

②拉丁字母作为轴线号时，应全部采用大写字母，不应用同一个字母的大小写来区分轴线号。拉丁字母的I、O、Z不得用作轴线编号。当字母数量不够使用时，可增用双字母或单字母加数字注脚。

组合较复杂的平面图中定位轴线也可采用分区编号（见图3-7）。编号的注写形式应为"分区号-该分区编号"，采用阿拉伯数字或大写拉丁字母表示。

③附加定位轴线的编号，应以分数形式表示，并应符合下列规定：两根轴线的附加轴线，应以分母表示前一轴线的编号，分子表示附加轴线的编号。编号宜用

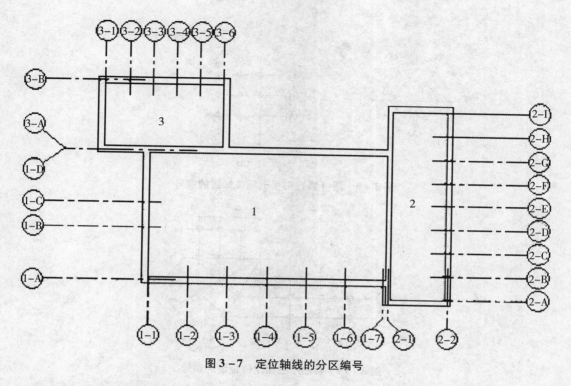

图 3 – 7　定位轴线的分区编号

阿拉伯数字顺序编写；1 号轴线或 A 号轴线之前的附加轴线的分母应以 01 或 0A 表示。

④一个详图适用于几根轴线时，应同时注明各有关轴线的编号（见图 3 – 8）。通用详图中的定位轴线，应只画圆，不注写轴线编号。

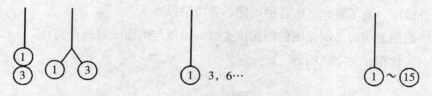

（a）用于2根轴线时　（b）用于3根或3根以上轴线时　（c）用于3根以上连续编号的轴线时

图 3 – 8　详图定位轴线的编号

⑤圆形与弧形平面图中的定位轴线，其径向轴线应以角度进行定位，其编号宜用阿拉伯数字表示，从左下角或 – 90°（若径向轴线很密，角度间隔很小）开始，按逆时针顺序编写；其环向轴线宜用大写拉丁字母表示，从外向内顺序编写，如图 3 – 9（a）和图 3 – 9（b）所示。

⑥折线形平面图中定位轴线的编号可按图 3 – 10 的形式编写。

（2）走廊、楼梯、电梯位置及尺寸，楼梯上下方向示意及编号索引。

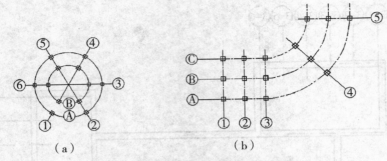

（a） （b）

图 3－9 圆（弧）形平面定位轴线的编号

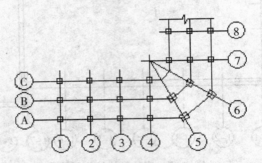

图 3－10 折线形平面定位轴线的编号

（3）门窗位置、尺寸及编号。门的代号是 M，窗的代号是 C。在代号后面写上编号，同一编号表示同一类型的门窗，如 M1、C1，根据相关文件并编制门窗表（见表 3－2）。

（4）主要建筑构造部件的位置、尺寸及详图索引，如天窗、阳台、坡道、台阶、雨篷、散水、地沟等。

（5）室外地面、地下室、室内首层地面、各楼层标高。

（6）首层地面上应画出剖面图的剖切位置线，以便与剖面图对照查阅。

（7）图名、比例、文字说明等。

表 3－2 门窗表

类型	设计编号	洞口尺寸（mm）	数量（扇）	图集名称	页次	选用型号	备注
普通门	M0721	700×2100	180				
	M0821	800×2100	54				
	M0921	900×2100	306				
	M1221	1200×2100	54				钢质入户防盗门
	M1521	1500×2100	2				铝塑复合单框中空玻璃窗，单元入户对讲门

类型	设计编号	洞口尺寸（mm）	数量（扇）	图集名称	页次	选用型号	备注
乙级防火门	FM 乙 1221b	1200×2100	36	12J609	18	GFM3	钢质入户乙级防火、防盗门
乙级防火门	FM 乙 1021	1000×2100	37	12J609	18	GFM3	
	FM 乙 1221a	1200×2100	19	12J609	18	GFM3	
	FM 乙 1221	1200×2100	19	12J609	18	GFM3	
两级防火门	FM 丙 0718	650×1800	18	12J609	74	DGF	
	FM 丙 0818	800×1800	54	12J609	74	DGF	
普通窗	C0614	600×1800	36	参见大样			
	C0616	600×1550	12	参见大样			
	C0814	800×1400	4	参见大样			
	C0914	900×1400	158	参见大样			
	C1117	1100×1700	35	参见大样			
	C1214	1200×1400	18	参见大样			
	C1217	1200×1700	38	参见大样			
	C1317	1300×1700	34	参见大样			
	C1414	1400×1400	36	参见大样			铝塑复合单框 5＋15A＋5 中空玻璃，玻璃为淡蓝色
	C1517	1500×1700	52	参见大样			
	C1617	1600×1700	36	参见大样			
	C1817	1800×1700	86	参见大样			
	C1917	1900×1700	72	参见大样			
	C2017	2000×1700	36	参见大样			
	C2517	2500×1700	36	参见大样			
	C2717	2700×1700	18	参见大样			
	C3017	3000×1700	36	参见大样			
	C1317a	1300×1800	2	参见大样			
	C1817a	1800×1700	2	参见大样			
洞口	D1024	1000×1800	36				
组合门窗	MLC1321	1300×2100	18	参见大样			铝塑复合单框 5＋15A＋5 中空玻璃，玻璃为淡蓝色
	MLC4453	4400×2100	2	参见大样			
	MLC1524	1500×2400	36	参见大样			
推拉门	TLM1521	1500×2100	72	参见大样			
	TLM1621	1600×2100	36				

3. 建筑平面图的识读要点

识读建筑平面图应按照先浅后深、先粗后细的方法从底层平面图→标准层平面图→屋顶平面图，结合各部位详图，系统全面识读。

（1）底层平面图

①识读图名、比例及指北针，确定建筑物朝向；

②识读定位轴线网络，了解建筑尺寸、柱网、结构形式；

③识读平面布局，了解楼层、房间布局，交通疏散（走道、楼电梯等）情况；

④识读门、窗布置，了解建筑物出入口、室内平面布置情况；

⑤识读室外地坪、室内标高，了解建筑首层高度情况；

⑥识读首层所在的台阶、散水、管道井等布置及定位；

⑦识读剖切符号，对照建筑剖面图的识读。

（2）标准层平面图

①识读图名、比例；

②识读定位轴线网络，了解建筑尺寸、柱网、结构形式；

③识读平面布局，了解楼层、房间布局，结合底层平面图，熟悉各楼层交通疏散情况；

④识读细部构造，了解管道井、预留孔洞的布置及定位情况；

⑤识读各楼层标高，了解各楼层高度情况；

⑥此外，对顶层设计不同（如带屋顶花园、大露台）的顶层平面图还要特别注意其与下部楼层的关系。

（3）屋顶平面图

①识读图名、比例；

②识读屋顶的排水情况：排水方式、坡度、檐沟位置、雨水管位置及数量；

③识读屋顶细部构造，了解上人孔、通风道等预留孔洞情况；

④识读屋顶变形缝、女儿墙、排气口、檐沟等构造节点位置及索引符号，标准详图识读。

4. 识图建筑平面图

根据上述内容要求对图 3-11 到图 3-13 进行识读。

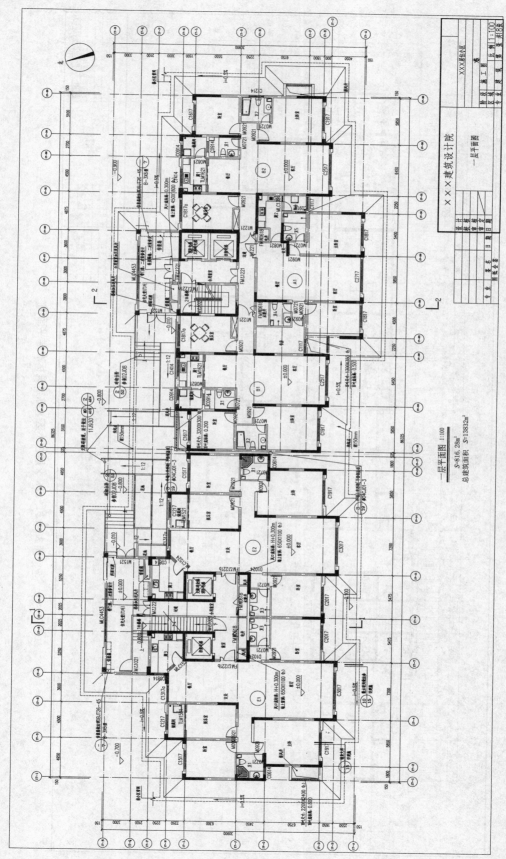

图 3－11 ×××居住小区×栋建筑底层平面图

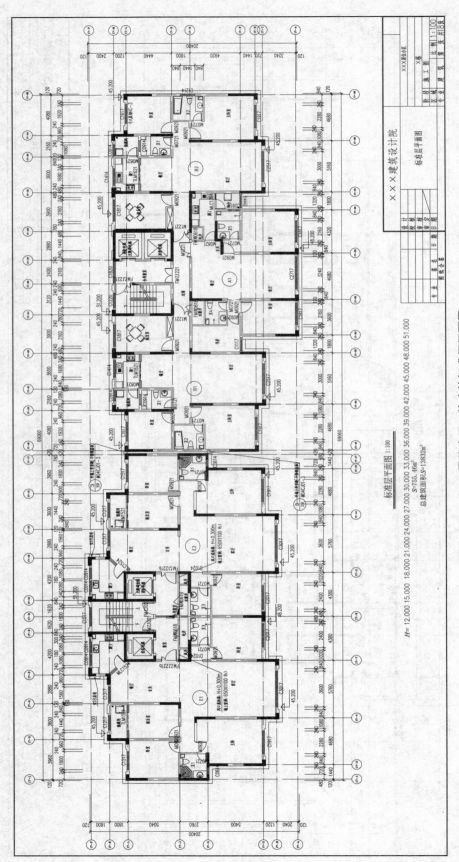

标准层平面图 1:100

H=12.000 15.000 18.000 21.000 24.000 27.000 30.000 33.000 36.000 39.000 42.000 45.000 48.000 51.000

S=755.46m²

总建筑面积S=13832m²

图 3-12　×××居住小区×栋建筑标准层平面图

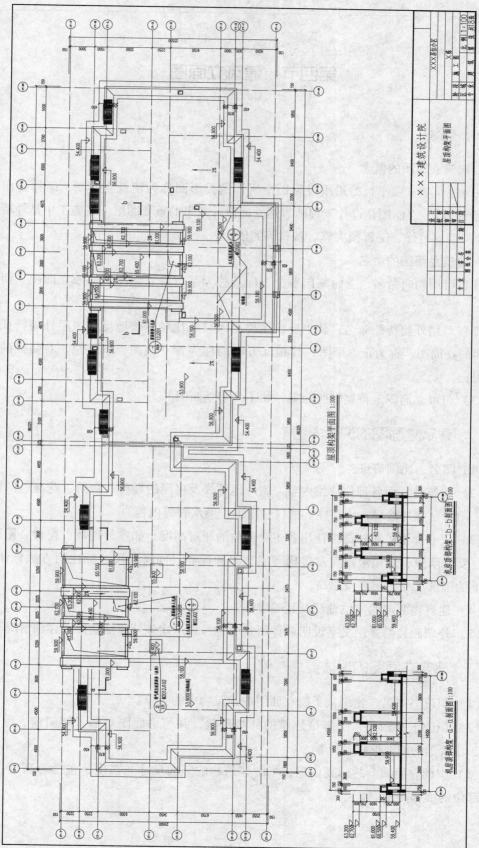

图 3-13 ×××居住小区×栋建筑屋顶平面图

第四节　建筑立面图

一、概述

1. 建筑立面图的概念

在与建筑物立面平行的铅垂投影面上所作的投影图称为建筑立面图，简称立面图（见图3-14）。立面图是设计工程师表达立面设计效果的重要图纸。在施工中是外墙面造型、外墙面装修、工程预决算、备料等的依据。

2. 建筑立面图的命名

（1）可用朝向命名，立面朝向哪个方向就称为某方向立面图，如东立面图、西立面图；

（2）可用外貌特征命名，其中反映主要出入口或比较显著地反应房屋外貌特征的那一面的立面图，称为正立面图，其相反方向的称为背立面图，以及左、右两侧的侧立面图；

（3）可以立面图上首尾轴线命名，如①～⑩立面图。

二、建筑立面图的识读内容

（1）图名、比例信息。

（2）建筑外立面各部位详细内容。室外地坪线及房屋的勒脚、台阶、花池、门窗、雨篷、阳台、室外楼梯、墙、柱、檐口、屋顶、雨水管等内容。

（3）尺寸标注。用标高标注出各主要部位的相对高度，如室外地坪、窗台、阳台、雨篷、女儿墙顶、屋顶水箱间及楼梯间屋顶等的标高。同时用尺寸标注的方法标注立面图上的细部尺寸，层高及总高。

（4）建筑物两端的定位轴线及其编号。

（5）外墙面装修。用文字说明或详图索引符号表示建筑外墙面装修的详细情况。

三、建筑立面图的识读要点

（1）识读书图名、比例，了解立面图在建筑物中的方位。

（2）识读正立面图，了解该建筑的外貌形状，并与平面图对照了解门窗、屋面、雨蓬、台阶等的细部形状及位置。

（3）识读立面图上的标高信息，了解建筑物的竖向尺寸与高度，包括总高度、各层各部位的细部高度。

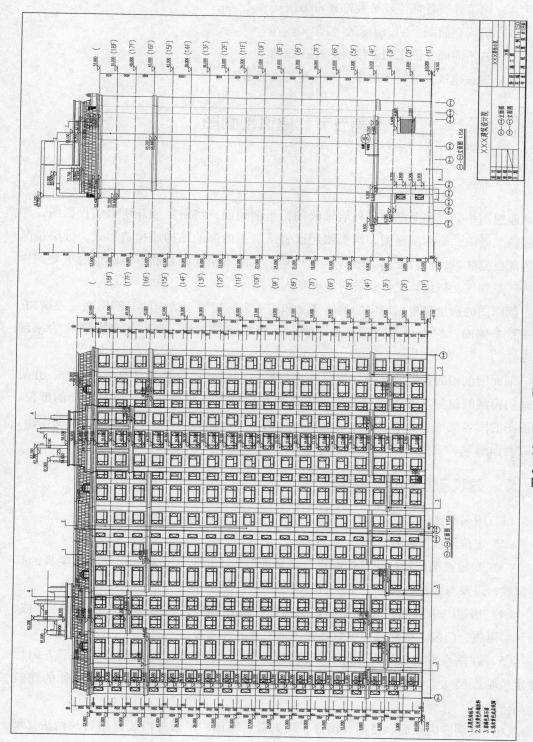

图 3 – 14 ×××居住小区×栋建筑立面图

（4）识读外墙各部位建筑装饰材料做法。

（5）识读立面图上的索引符号的含义。

（6）各不同面立面图相互结合，统一识读。

（7）建立建筑物的整体思维，熟悉建筑立面形态。

第五节　建筑剖面图

一、概述

假想用一个或多个垂直于外墙轴线的铅垂剖切面，将房屋剖开所得的投影图，称为建筑剖面图，简称剖面图。剖面图用以表示房屋内部的结构或构造形式、分层情况和各部位的联系、材料及其高度等，是与平、立面图相互配合的不可缺少的重要图样之一，是施工、概预算工作及备料的重要依据。

剖面图的数量是根据房屋的具体情况和施工实际需要而决定的。剖切面一般横向，即平行于侧面，称为横剖面图；也可纵向，即平行于正面，得到的剖面图称为纵剖面图。

剖面图剖切的位置应选择在能反映出房屋内部构造比较复杂与典型的部位，并应通过门窗洞的位置。若为多层房屋，应选择在楼梯间或层高不同、层数不同的部位。剖面图的图名应与平面图上所标注剖切符号的编号一致，如图 3 – 15 的 1 – 1 剖面图、2 – 2剖面图等。

二、建筑剖面图的识读内容

（1）图名和比例。

（2）定位轴线及编号。

（3）房屋被剖切到的建筑构配件，在竖向方向上的布置情况，比如各层梁板的具体位置，以及与墙柱的关系，屋顶的结构形式。

（4）房屋内未剖切到而可见的建筑构配件位置和形状。比如可见的墙体、梁柱、阳台、雨篷、门窗、楼梯段，以及各种装饰物和装饰线等。

（5）在垂直方向上室内、外各部位构造尺寸，室外要注三道尺寸，水平方向标注定位轴线尺寸。标高尺寸应标注室外地坪、楼面、地面、阳台、台阶等处的建筑标高。

（6）表明室内地面、楼面、顶棚、踢脚板、墙裙、屋面等内装修用料及做法，需用详图表示处加标注详图索引符号。

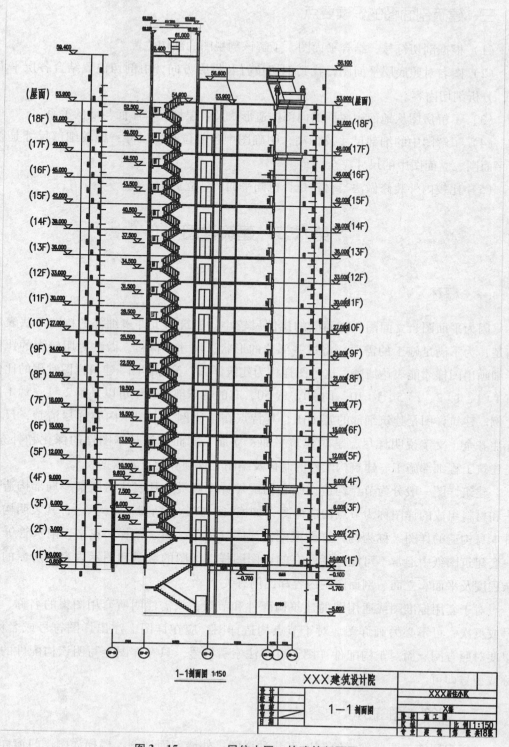

图 3-15 ×××居住小区×栋建筑剖面图

三、建筑剖面图的识读要点

（1）根据剖切符号，结合平面图，了解该剖视图的剖切位置。

（2）图名对照底层平面图，找到剖切位置及投影方向，由剖切位置结合各层平面图，分析剖切内容。

（3）了解房屋从地面到屋面的内部构造形式及各层楼面、屋面与墙的关系。

（4）了解图中的细部尺寸及标高，明确图中各部位高度尺寸；比较细部尺寸是否与平面图、立面图中的尺寸完全一致。

（5）比较内外装修做法与材料是否也同平面图、立面图一致。

第六节　建筑详图

一、概述

因为平面图、立面图、剖面图的比例尺较小，建筑物上许多细部的构造无法表示清楚，为了满足施工的需要，将这些部位的形状、尺寸、材料、做法等用较大的比例详细画出图样才能表达清楚，这种图样称为建筑详图，简称详图。建筑详图常用的比例有 1：1、1：2、1：5、1：10、1：20、1：50，有的特殊部位甚至可以采用 2：1、5：1 的比例。建筑详图是建筑细部的施工图，其特点在于比例大，图示内容详尽清楚，尺寸标注齐全、文字说明详尽，是对建筑平面、立面、剖面图等基本图样的深化和补充，是建筑工程细部施工、建筑构配件的制作及编制工程预算的重要依据。

建筑详图一般分为节点构造详图和构配件详图两类。凡表达房屋某一局部构造做法和材料组成的详图称为节点构造详图（如檐口、窗台、勒脚、明沟等）；凡表明构配件本身构造的详图，称为构件详图或配件详图（如门、窗、楼梯、花格、雨水管等）。一套建筑图纸中通常不可能包括所有的详图图样，详图的数量和图示内容与房屋的复杂程度及平面、立面、剖面图的内容和比例有关。

对于套用标准图或通用图的建筑构配件和节点，只需注明所套用图集的名称、型号或页次，可不必另画详图。对于节点构造详图，应在详图上注出详图符号或名称，以便对照查阅。而对于构配件详图，可不注索引符号，只在详图上写明该构配件的名称或型号即可。

二、建筑详图的识读内容

一幢房屋施工图通常需绘制以下几种详图：外墙剖面详图、楼梯详图、门窗详图及室内外一些构配件的详图。各详图的主要内容有：

（1）图名（或详图符号）、比例。

（2）构造做法。表达出构配件各部分的构造连接方法及相对位置关系。

（3）细部尺寸。表达出各部位、各细部的详细尺寸。

（4）主要材料表。详细表达构配件或节点所用的各种材料及其规格。

（5）设计说明。有关施工要求、构造层次及制作方法说明等。

三、建筑详图的识读要点

建筑详图的数量和图示内容众多，下面选取外墙身详图、楼梯详图对建筑详图的识读进行阐述。

1. 外墙身详图

墙身详图实际上是墙身的局部放大图，详尽地表明墙身从防潮层到屋顶的各主要节点的构造和做法。墙身剖面详图与平面图、剖面图配合读图，是砌墙、室内外装修、门窗洞口预留的重要依据（见图3-16）。

墙身详图根据需要可以绘制多个，比如檐口、窗顶、窗台、勒脚、散水、老虎窗等，以表示房屋不同部位的不同构造内容。

多层以上建筑物的外墙身详图，若各层的情况一样时，墙身详图可只画顶层、底层加一个中间层来表示，通常在窗洞中间处断开，成为几个节点详图的组合。

墙身详图的识读内容及方法如下：

（1）图名、比例。看图名结合底层平面图了解墙身详图的剖切位置。

（2）识读图中散水剖切部分，了解散水、暗沟等的构造做法。

（3）识读图中窗台、窗顶、檐口、勒脚剖切部分，了解各部位构造情况。

（4）识读楼板与墙身连接剖面部分，了解楼层地面的构造、楼板与墙的搁置方向等。

（5）识读图中各部位标高尺寸。

2. 楼梯详图

建筑物的楼梯是多层房屋上下交通的主要设施，由梯段、平台和栏杆扶手三部分组成的。楼梯的构造一般较复杂，需要另画详图表示。楼梯详图主要表示楼梯的类型、结构形式、各部位的尺寸及装修做法，是楼梯施工放样的主要依据。

楼梯详图一般包括平面图、剖面图及踏步、栏板详图等，并尽可能画在同一张图纸内。平、剖面图比例要一致，以便对照阅读。踏步、栏板详图比例要大些，以便表达清楚该部分的构造情况（见图3-17）。

楼梯详图一般分建筑详图与结构详图，并分别绘制，分别编入"建施"和"结施"

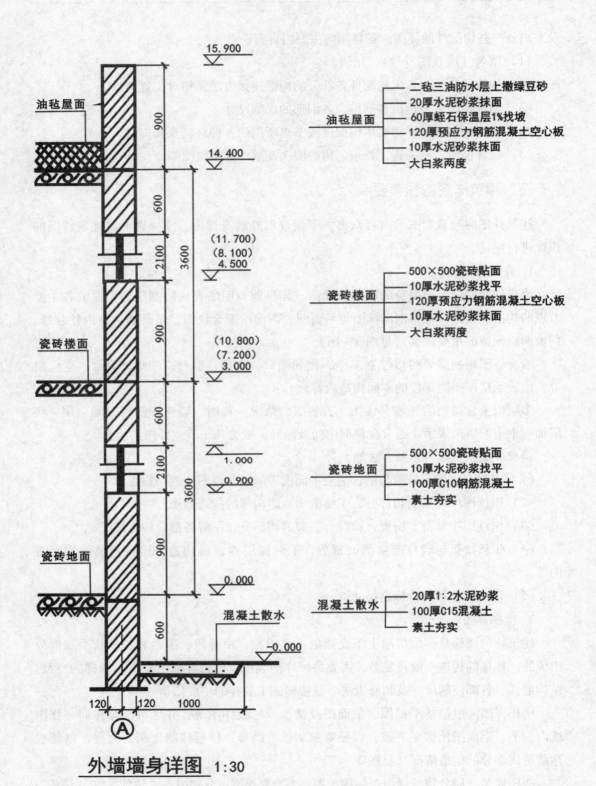

外墙墙身详图 1:30

图 3-16　外墙墙身详图

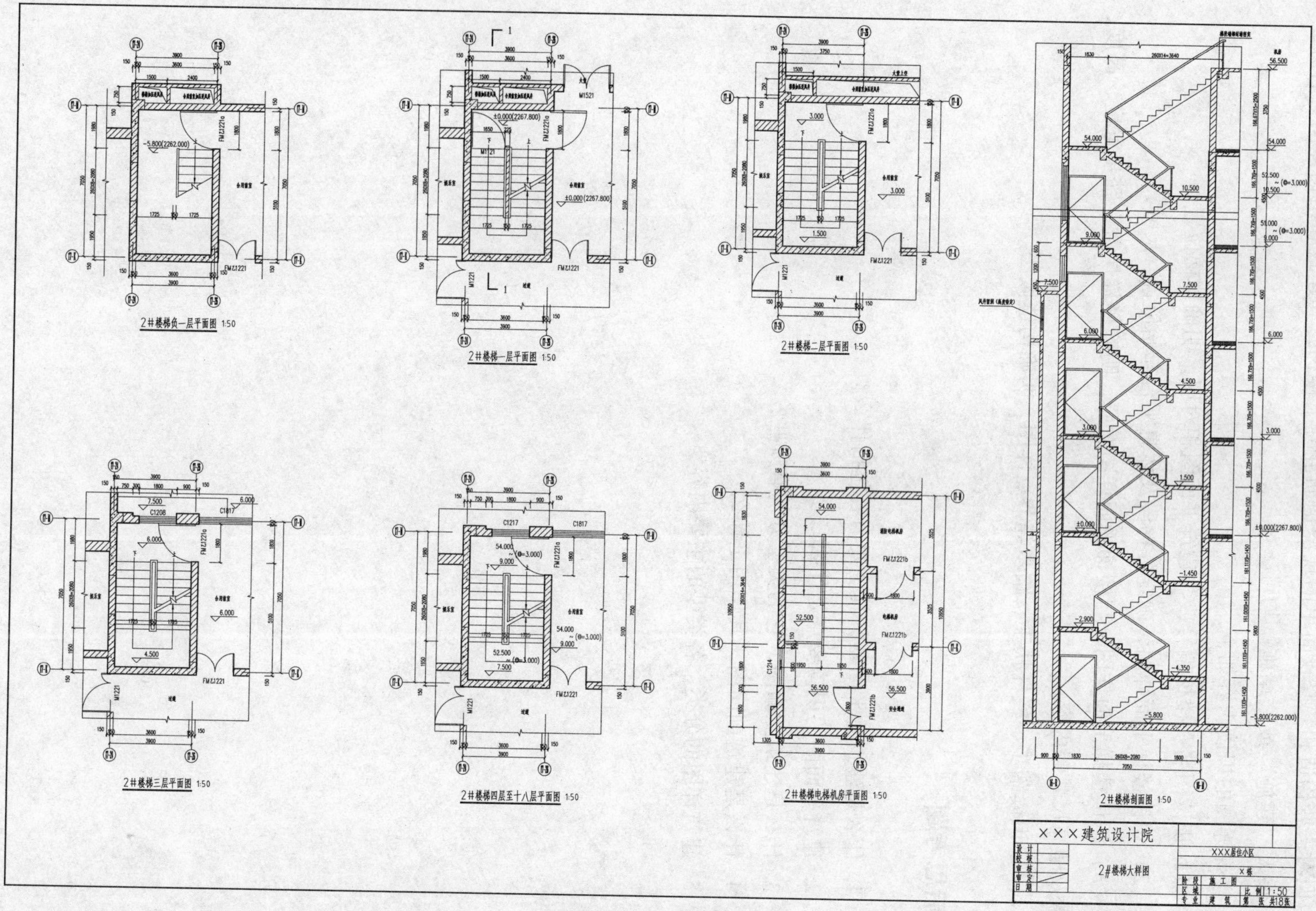

2#楼梯负一层平面图 1:50
2#楼梯一层平面图 1:50
2#楼梯二层平面图 1:50
2#楼梯三层平面图 1:50
2#楼梯四层至十八层平面图 1:50
2#楼梯电梯机房平面图 1:50
2#楼梯剖面图 1:50
×××建筑设计院
XXX居住小区
X楼
2#楼梯大样图
设计
校核
审核
审定
日期
阶段 施工图
比例 1:50
专业 建筑
第 张 共18张

图 3－17　楼梯详图

中。但对一些构造和装修较简单的现浇钢筋混凝土楼梯，其建筑和结构详图可合并绘制，编入"建施"或"结施"均可。

楼梯详图的识读内容如下：

（1）识读图名及楼梯编号，与建筑平面图相对照，明确楼梯位置；

（2）识读楼梯平面详图，确定各梯段及休息平台起始位置、尺寸；

（3）识读楼梯剖面详图，与楼梯平面详图对照，明确楼梯层数、踏步宽度、高度、级数及净高尺寸等内容；

（4）识读踏步、栏杆扶手、踏步等节点详图，明确构造做法。

课后思考题

1. 什么是建筑总平面图，其主要内容包括什么？

2. 建筑平面图的识读要点是什么？

3. 什么是建筑立面图，它的类型分别有哪些？

4. 什么是建筑剖面图，其作用是什么？

5. 建筑详图的分类，各类型的主要内容？

第四章 结构施工图

 学习目标

结构施工图是在识读建筑施工图的基础上，以建筑施工图为条件和依据，掌握建筑结构构件的图纸。

 知识目标

1. 了解结构施工图的概念、基本及图示特点；
2. 熟悉结构施工图的识读内容和方法。

 能力目标

1. 掌握结构施工图中常见符号、图例的含义；
2. 能准确识读各类结构施工图。

第一节 概述

结构施工图（结施图），就是建筑工程上所用的，一种能够十分准确地表达出建筑物各承重构件的外形轮廓、平面布置、大小尺寸、结构构造、材料做法及其相互关系的图样。结构施工图是承重构件及其他受力构件施工放线、挖槽、支模板、绑扎钢筋、浇筑混凝土、安装门窗、安装梁板柱等编制预决算及施工组织设计的依据，也是监理单位工程质量检查与验收的重要依据。

一、结构施工图的内容

结构施工图的组成部分主要包括图纸目录、设计总说明、基础平面布置图、基础大样图、结构平面布置图、梁板柱配筋图、楼梯详图、其他大样图。

1. 设计总说明

主要说明设计的依据，对工程基本信息、基础类型、做法和注意事项等进行详细

说明。

2. 结构布置图

结构布置图是建筑物承重结构的整体布置图，主要表示结构构件的位置、数量、型号及相互关系，主要包括基础平面布置图，采用正投影的方法，画出了基础和柱子或墙的定位图，是施工放线的依据；结构平面布置图，主要功能有两个，一是给模板定位（*XYZ*3 个方向），二是确定板的厚度和配筋。

3. 梁板柱配筋图

主要说明各构件的配筋和截面尺寸，配筋表示方法一般采用平法。

4. 构件详图

构件详图详细地表示了单个构件形状、尺寸、材料、构造及工艺。包括基础大样图，详细说明了基础的材料，平面和截面尺寸，基础埋深，基础下地基土的要求，地基的处理方法和注意事项，以及柱或墙与基础连接处的做法。楼梯大样图，说明了楼梯板厚度和配筋；其他如雨棚、飘窗等细小地方的做法，在平面图上无法说明的，需用详图表示的图样。

二、结构施工图识读要点

1. 建筑相关知识基础扎实细致

识读结构工程必须要先熟悉一些基础，例如下列各类常用材料的表示方法。

（1）混凝土：结构工程中大量使用的材料其设计强度等级一般为 C20～C80，不同的配合比及养护条件可以配制出不同强度的混凝土。混凝土强度等级的数字 CXX，XX 越大强度越高。

（2）钢筋：一般在房屋建筑工程中，梁、柱等采用 2、3 级的热轧钢筋作为纵向钢筋（沿柱或梁长度方向为纵向）。也就是螺纹钢。箍筋一般采用热轧 1 级钢筋。板采用 1 级（光面钢筋）或冷轧带肋钢筋。

（3）砖：其强度等级用 MU5、MU10 等表示，数字越大强度越大。砖分多种，一般采用烧结页岩多孔或实心、空心砖。

（4）砂浆：砌筑砖，表面处理的重要材料，分为混合砂浆和水泥砂浆等。强度用 M5、M7.5 等表示，数字越大强度越高。

（5）锚固长度：指钢筋锚入（不是穿过）混凝土的长度，一般来说图纸以 $35d$、$40d$ 等形式表示，d 为钢筋直径，其实就是 35×钢筋直径、40×钢筋直径。

（6）保护层厚度：钢筋外边到混凝土构件外边的距离，用以保护钢筋不受空气腐蚀等。保护层厚度不能过大，也不能过小，应该按结构总说明中的要求执行。

2. 有先有后，顺序识读

识读结施图，需要在了解建施图的基础上，按照图纸编排的顺序，先看设计总说明，再看基础图及相应的基础说明，然后识读柱、梁、板施工图，逐张识读，掌握全套图纸的信息。

3. 由浅入深，系统全面

识读结施图需先了解结构工程概况、类型、基础形式等内容，再深入了解基础、柱梁板、墙体等结构构件的布置及相互关系，最后细化至各个构件的详图，了解构件的细部尺寸、材料、配筋及连接等内容。

4. 结施与其他施工图，特别是建施相结合

识读结构施工图的同时，需同时阅读建筑施工图、设备施工图。首先，通过对照建筑施工图，掌握各结构构件与建筑施工图中各层的平面布置、梁的截面高度与相应门窗尺寸、结构标高与建筑标高及面层做法、结构详图与建筑详图等相互之间的关系。其次，还需结合设备施工图，注意各设备的布置与建筑施工图的平面布置、设备的预留孔位置及尺寸与结构构件及其预留孔的布置与尺寸之间的相互关系。

第二节　基础图

一、概述

基础是指建筑物地面（±0.000）以下承受建筑物全部荷载的结构。基础以下是地基。

基础的作用在于将建筑物上部荷载均匀地传递给地基，是建筑物的重要组成部分。基础的构成见（图4-1）。

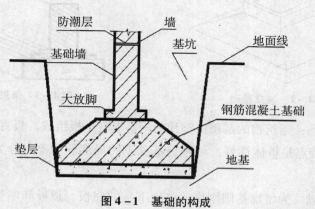

图4-1　基础的构成

地基：地基是指建筑物下面支承基础的土体或岩体。地基分天然地基和人工地基两类。天然地基是不需要人加固的天然土层。人工地基需要人加固处理，常见有石屑垫层、砂垫层、混合灰土回填再夯实等。

垫层：垫层是指设于基础层以下的结构层。作用在于将基础传来的荷载均匀传递给地基。

大放脚：大放脚是指将上部结构传来的荷载分散传给垫层的基础扩大部分。其作用是使地基上单位面积的压力减小。

基础墙：是指建筑物地面（±0.000）以下的墙体。

防潮层：防潮层是为了防止地面以下土壤中的水分进入地上墙体而设置的材料层。

二、基础的类型

1. 按材料的受力特点分类

（1）刚性基础：是用刚性材料建造，受刚性限制的基础，如混凝土基础、砖基础、毛石基础、灰土基础。

（2）柔性基础：是指基础宽度的加大不受刚性角限制，抗压、抗拉强度都很高，如钢筋混凝土基础。

2. 按基础的构造形式分类

（1）独立基础：独立基础是独立的块状形式，常用断面形式有踏步形、锥形、杯形。适用于多层框架结构或厂房排架柱下基础，其材料通常采用钢筋混凝土、素混凝土等（见图 4-2）。

（2）条形基础：基础是连续带形，也称带形基础。分为墙下条形基础和柱下条形基础两类（见图 4-3）。

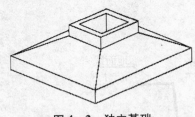

图 4-2　独立基础

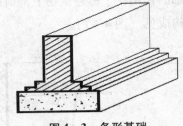

图 4-3　条形基础

（3）筏形基础：建筑物的基础由整片的钢筋混凝土板组成，板直接由地基土承担，称为筏形基础，特点是整体性好，可跨越基础下的局部软弱土。分为板式和梁板式两类（见图 4-4）。

（4）箱形基础：为增加基础刚度，将地下室的底板、顶板和墙整体浇筑成箱子状的基础，称为箱形基础（见图 4-5）。

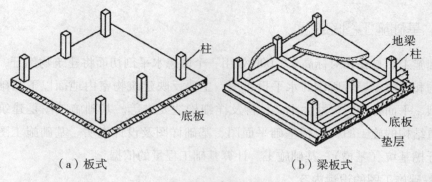

（a）板式　　　　　　　　　　　　（b）梁板式

图 4 - 4　筏形基础

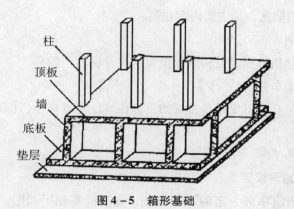

图 4 - 5　箱形基础

（5）桩基础：当浅层地基上不能满足建筑物对地基承载力和变形的要求，而又不适宜采取地基处理措施时，就要考虑以下部坚实土层或岩层作为持力层的深基础，桩基应用最为广泛，根据受力情况不同，桩基础又分为摩擦桩和端承桩两类（见图 4 - 6）。

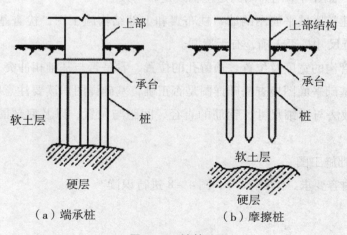

（a）端承桩　　　　　　　　　　　　（b）摩擦桩

图 4 - 6　桩基础

三、基础施工图的识读

基础施工图是在相对标高 ±0.000 处用一个假想水平剖切面将建筑物剖开，移动上部建筑物和回填土层后所作的水平投影图。主要反映建筑物室内地面以下基础部分的基础类型、平面布置、尺寸大小、材料及详细构造要求等。基础施工图是建筑物地下部分承重结构的施工图，包括基础平面图、基础详图及设计说明。基础施工图是施工放线、开挖基坑（基槽）、基础施工、计算基础工程量的依据。

1. 基础施工图的识读内容

基础施工图主要表示基础的墙、柱、地沟、预留孔及基础构件等平面布置位置关系及重要节点的详细信息，其主要内容包括：

（1）图名和比例。

（2）轴线网。包括纵横定位轴线的位置、尺寸标注、编号。

（3）基础的平面布置。

（4）管沟、预留孔和已定设备基础的平面位置、尺寸标注、标高。

（5）基础详图。

（6）施工说明。

2. 基础施工图的识读要点

识读基础施工图应掌握一定的识读方法，先阅读基础平面图，再看基础详图，具体如下：

（1）阅读施工说明。了解基础类型、所用材料、构造要求及施工要求等。

（2）识读轴线网。对照基础平面图与建筑平面图的定位轴线、尺寸标注及编号是否一致，基础平面图与基础详图的定位轴线是否一致。

（3）结合建筑底层平面图的墙、柱布置和上部结构施工图，检查基础梁、柱等构件的布置和定位尺寸是否正确，有无遗漏。

（4）检查管沟的宽度及位置、预留孔的位置，看是否与基础相冲突。

（5）结合基础平面图检查基础详图是否正确，基础详图识读要注意竖向尺寸关系，基础的形状、做法与详细尺寸，钢筋的直径、间距与位置，以及底部圈梁、防潮层的位置、做法等。

3. 识读基础施工图

根据上述内容要求，对图 4 – 7、图 4 – 8 进行识读。

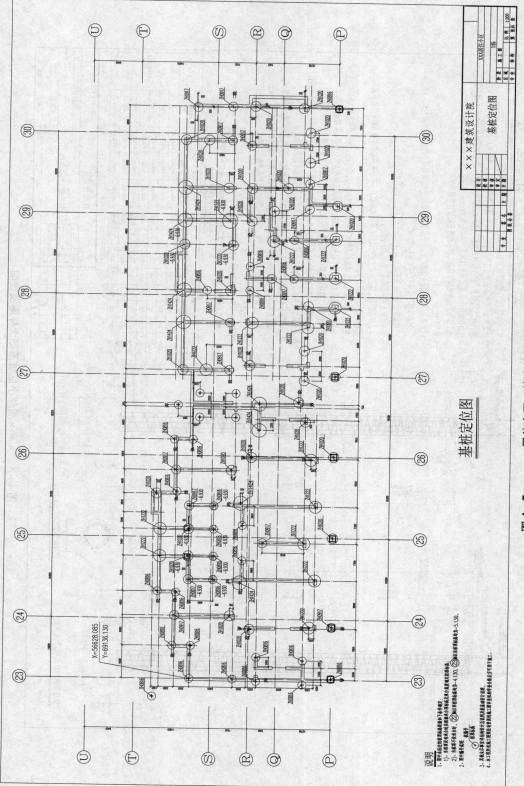

基桩定位图

说明

1. 即中为施工桩的轴线编号及桩顶下方各桩标。
   1) 当桩顶标高未在图上标注及当标高以及分别以及及及及及及标标。
   2) 即中桩顶标高。

   桩标标   轴轴标
   ⊕ 标标标标

3. 未标出及未计桩轴标及及及及及及及及及及计桩。
4. 未工程的各施工及施工标及桩的各及桩桩标各各各施工桩。

图 4-7　×××居住小区×栋建筑桩基础基桩定位图

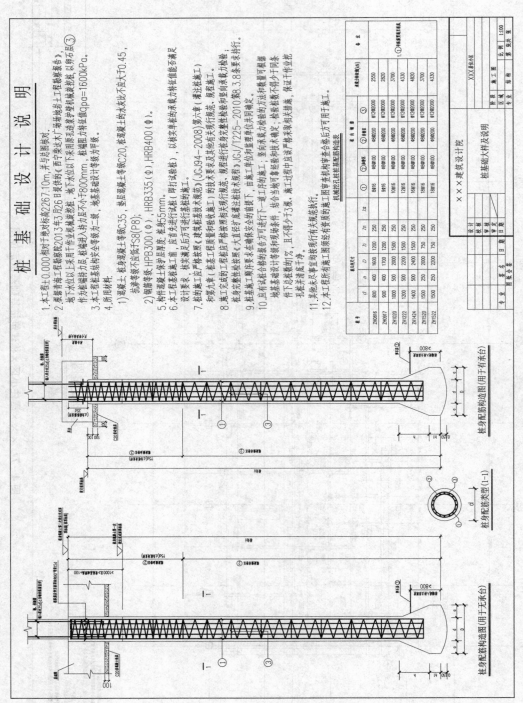

桩 基 础 设 计 说 明

1. 本工程±0.000相对于绝对标高2267.10m，并与总图核对。
2. 根据青海工程勘察院2013年3月26日提供的《西宁市达ⅹ广场场地岩土工程勘察报告》，地下水位以上采用干作业机械成孔桩，地下水位以下采用原孔造浆护壁机械成桩，以⑨卵石层③作为桩端持力层，桩端进入持力层不小于800mm，桩端阻力特征值qpa=1600kPa。
3. 本工程桩基结构安全等级为一级，地基基础设计等级为甲级。
4. 所用材料：
   1）混凝土，桩身混凝土等级C35，垫层混凝土等级C20，桩底素上防水砼比不应大于0.45，抗渗等级不应低于S8(P8)；
   2）钢筋等级HPB300(Φ)，HRB335(Φ)，HRB400(Φ)。
5. 构件混凝土保护层厚度：桩为55mm。
6. 本工程桩施工前，须先进行试验桩（即试验桩）以进行桩的施工设计要求，核实满足后方可进行后续的施工。
7. 桩的施工应严格按国家《建筑桩基技术规范》(JGJ94-2008)的技术要求及其他有关现行规范、规程施工。
8. 桩身钢筋笼整应严格按设计钢筋和数量执行，钢筋笼在制作和运输时防止变形。
9. 桩竣工后应对桩身质量进行检测，桩身完整性检测的方法和数量可根据地基基础设计等级和施工现场条件，结合当地经验和技术水平，由施工单位合理选取单位并共同确定，检验桩数不得少于同条件下应做的项，且不得少于3根，施工过程中应严格采取相应措施，保证干作业挖孔桩并清理干净。
10. 应有试验检测的桩身方可进行下一道工序的施工，在承台、竖向承力构件的方法和数量可根据基础条件下桩数。
11. 本工程所有桩均按现行有关规范执行。
12. 本工程所有覆盖层的施工需经有资质的施工图审查机构审查合格后方可用于施工。

机械挖孔灌注桩基础配筋构造表

桩号	桩身尺寸						桩身配筋			螺旋箍筋	竖向承载力值(kN)
	d	a	b	h1	h2	①	②加强筋	①		②	
ZH0816	800	400	1600	250		8Φ16	6Φ8@200	Φ12@2000	Φ6@100		2550
ZH0917	900	400	1700	250		9Φ16	6Φ8@200	Φ12@2000	Φ6@100		2820
ZH1020	1000	500	2000	250		10Φ16	6Φ8@200	Φ12@2000	Φ6@100		3700
ZH1222	1200	500	2200	250		12Φ16	6Φ8@200	Φ12@2000	Φ6@100		4330
ZH1424	1400	500	2400	250		16Φ16	6Φ8@200	Φ12@2000	Φ6@100		4820
ZH1520	1500	250	2000	750	250	18Φ16	6Φ8@200	Φ12@2000	Φ6@100		3700
ZH1522	1500	250	2200	750	250	18Φ16	6Φ8@200	Φ12@2000	Φ6@100		4330

桩身配筋构造图（用于有承台）

桩身配筋类型（1-1）

桩身配筋构造图（用于无承台）

×××建筑设计院

设计			专业	结构
校核			区域	
审核			阶段	施工图
审定			比例	1:100
制图			图别	结构
日期			图号	第 张 共 张

XXX居住小区

桩基础大样及说明

图 4-8 ×××居住小区桩基础大样图及说明

第三节 楼层结构平面图

一、概述

楼层（屋面）结构布置图是假想沿楼面（或屋面）将建筑物水平剖切后所得的楼面（或屋面）的水平投影（见图4-9）。它反映出每层楼面（或屋面）上板、梁及楼面（或屋面）下层的门窗过梁布置，以及现浇楼面（或屋面）板的构造及配筋情况，是施工时布置或安放各层承重构件、制作圈梁和浇筑现浇板的依据。

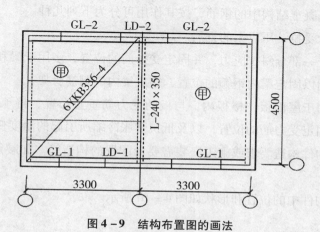

图4-9 结构布置图的画法

一般情况下，每层楼层都有其相应的结构平面图，但一般因底层地面直接做在地基上，它的做法、材料等已在建筑详图中表明，因此，一般民用建筑主要有楼层结构平面图和屋面结构平面图。

二、钢筋混凝土构件简介

假想混凝土为透明体，用细实线表示构件的外形轮廓，用粗实线或黑圆点画出钢筋，并标注出钢筋各类的代号、直径、根数、间距等内容的图样称为钢筋混凝土构件详图，其作用是表示钢筋混凝土构件内部的钢筋配置、形状、数量和规格。

1. 钢筋

钢筋混凝土构件是由钢筋和混凝土两种材料结合而成的。其中，混凝土是由是指用水泥作胶凝材料，砂、石作集料，与水（可含外加剂和掺和料）按一定比例配合，经搅拌而得的一种人造石材料，用混凝土制成的构件，抗压强度很高，但抗拉强度较低，因此，在混凝土构件的受拉区域内配置一定数量的钢筋所制成的构件即为钢筋混凝土构件。钢筋混凝土中的钢筋因形状及作用各不相同，可分为不同的类型。

（1）钢筋的表示方法

①标注钢筋的根数、直径和等级：

3Φ20（其中"3"表示钢筋的根数，"Φ"表示钢筋等级直径符号，"20"表示钢筋直径）。

②标注钢筋的等级、直径和相邻钢筋中心距：

Φ8@200，（"Φ"表示钢筋等级直径符号，"8"表示钢筋直径，"@"表示相等中心距符号，"200"表示相邻钢筋的中心距不大于200mm）。

（2）钢筋的分类

配置在钢筋混凝土结构中的钢筋，按其作用可分为下列几种。

①受力筋：承受拉、压应力的钢筋。

②箍筋：承受一部分斜拉应力，并固定受力筋的位置，多用于梁和柱内。

③架立筋：用以固定梁内钢箍的位置，构成梁内的钢筋骨架。

④分布筋：用于屋面板、楼板内，与板的受力筋垂直布置，将承受的重量均匀地传给受力筋，并固定受力筋的位置，以及抵抗热胀冷缩所引起的温度变形。

⑤其他：因构件构造要求或施工安装需要而配置的构造筋。如腰筋、预埋锚固筋、环等。

各类钢筋在构件中的位置和形状如图4-10所示。

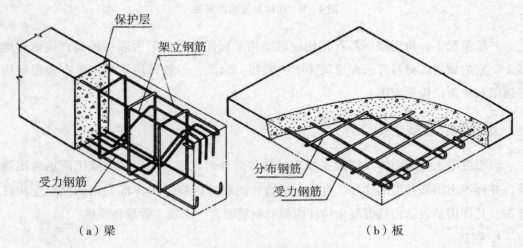

（a）梁　　　　　　　　　　　　　（b）板

图4-10　钢筋的形式

2. 钢筋的表示方法

根据《建筑结构制图标准》（GB 50105—2010）的规定，钢筋在图中的表示方法应符合表4-1的规定。

表 4 – 1　　　　　　　　　　　　　　钢筋的一般画法

序号	名称	图例	序号	名称	图例
1	钢筋横断面	●	6	无弯钩的钢筋搭接	
2	无弯钩的钢筋端部		7	带半圆弯钩的钢筋搭接	
3	带半圆形弯钩的钢筋端部		8	带直钩的钢筋搭接	
4	带直钩的钢筋端部		9	花篮螺丝钢筋接头	
5	带丝扣的钢筋搭接		10	机械连接的钢筋接头	

三、混凝土平法施工图介绍

混凝土结构施工图平面整体设计方法（简称平法），概括来讲，就是把结构构件的尺寸和配筋，按平法的制图规则，整体直接表达在各类构件的平面布置图上，再与标准构造详图相配合，构成一整套完整的结构设计图，称作平法施工图。

平法施工图的特点是：改变了传统那种将构件从结构图平面布置图中索引出来，再逐个绘制详图的烦琐方法，缩减了图纸数量，提高了设计效率，使图面进一步简化、简洁。

平法施工图为原建设部科技成果重点推广项目，曾先后推出了 96G101、00G101、03G101 三套图集修订，目前实行的是 11G101 系列，包括：（1）11G101 – 1：《混凝土结构施工图平面整体表示方法制图规则和构造详图（现浇混凝土框架、剪力墙、梁、板）》；（2）11G101 – 2：《混凝土结构施工图平面整体表示方法制图规则和构造详图（现浇混凝土板式楼梯）》；（3）11G101 – 3：《混凝土结构施工图平面整体表示方法制图规则和构造详图（独立基础、条形基础、筏形基础及桩基承台）》。

四、楼层结构平面图的内容

（1）图名、比例。

（2）定位轴线。

（3）梁、柱、板等结构构件。

梁、板、柱是结构工程中非常重要的构件，种类也比较多，国家也对各构件的代号做了规范的规定（见表4－2）。

表4－2 结构施工图中常用结构构件代号

序号	名称	代号	序号	名称	代号
1	板	B	22	屋架	WJ
2	屋面板	WB	23	托架	TJ
3	空心房	KB	24	天窗架	CJ
4	槽形板	CB	25	框架	KJ
5	折板	ZB	26	钢架	GJ
6	密肋板	MB	27	支架	ZJ
7	楼梯板	TB	28	柱	Z
8	盖板或沟盖板	GB	29	基础	J
9	挡雨板或檐口板	YB	30	设备基础	SJ
10	吊车安全走道板	DB	31	桩	ZH
11	墙板	QB	32	柱间支撑	ZC
12	天沟板	TGB	33	水平支撑	SZ
13	梁	L	34	垂直支撑	CZ
14	屋面梁	WL	35	梯	T
15	吊车梁	DL	36	雨篷	YP
16	圈梁	QL	37	阳台	YT
17	过梁	GL	38	梁垫	LD
18	联系梁	LL	39	预埋件	M
19	基础梁	JL	40	天窗端壁	TD
20	楼梯梁	TL	41	钢筋网	W
21	檩条	LT	42	钢筋骨架	GG

①梁。梁在正投影图中一般用粗点划线表示，并注写梁的代号及编号。图4－9所示的点画线即表示梁，标为 L－1，其中"L"代表梁，"1"表示这根梁的编号。梁的形状及配筋图另用详图表示。梁的标准标注方法是：

L××－×：其中"L"表示梁，"××"表示梁的跨度，"×"表示梁能承受的荷载等级。

例如 L30 – 3 则表示梁的轴线跨度为 3000mm，能承受 3 级荷载。

②梁垫，当梁搁置在砖墙或砖柱上时，为了避免破坏墙或柱，需要设置一个钢筋混凝土梁垫，用"LD"表示，如图 4 – 9 中的 LD – 1、LD – 2。

③过梁，当墙体上开设门窗洞口且墙体洞口大于 300mm 时，为了支撑洞口上部砌体所传来的各种荷载，并将这些荷载传给门窗等洞口两边的墙，常在门窗洞口上设置横梁，该梁称为过梁。过梁在结构布置图中用粗点画线表示，代号为 GL，例如图 4 – 9 中的 GL1、GL2。过梁的标准标注方法是：

GLA（B）×××：其中 GL 为过梁；A（B）截面代号，A 为矩形，B 为 L 形；×为墙厚代号；××为跨度代号；×为荷载等级。

例如 GLA 7 20 1：表示过梁，矩形截面，370mm 墙，2000mm 跨度，能承受 1 级荷载。

④圈梁。圈梁是在房屋的檐口、窗顶、楼层、吊车梁顶或基础顶面标高处，沿砌体墙水平方向设置封闭状的按构造配筋的混凝土梁式构件。圈梁用单粗点画线绘制，代号为 QL，其断面也有矩形和 L 形两种。

⑤预制楼板。工厂加工成型后直接运到施工现场进行安装的楼板称为预制楼板，预制楼板大多数选用标准图集，在施工图中一般应标明代号、跨度、宽度及所能承受的荷载等级，例如图 4 – 9 中的 6YKB336 – 4，则表示 6 块预应力空心板，长度为 3300mm，宽度为 600mm，荷载等级为 4。

（4）构件统计表及文字说明。

五、楼层结构平面图的识读要点

（1）识读图名与比例。楼层结构平面图的图名、比例要与对应的建筑平面图相一致。

（2）识读楼层结构平面图的定位轴线，也要与建筑平面图一致，。

（3）通过结构构件代号了解该楼层中结构构件的位置与类型。

（4）识读现浇板的配筋情况及板的厚度。

（5）识读预制板的规格，数量等级和布置情况。

（6）识读各部位的标高情况，并与建筑标高对照，了解装修层的厚度。

六、识读楼层结构图

根据上述内容及要求，对图 4 – 11 至图 4 – 14 进行识读。

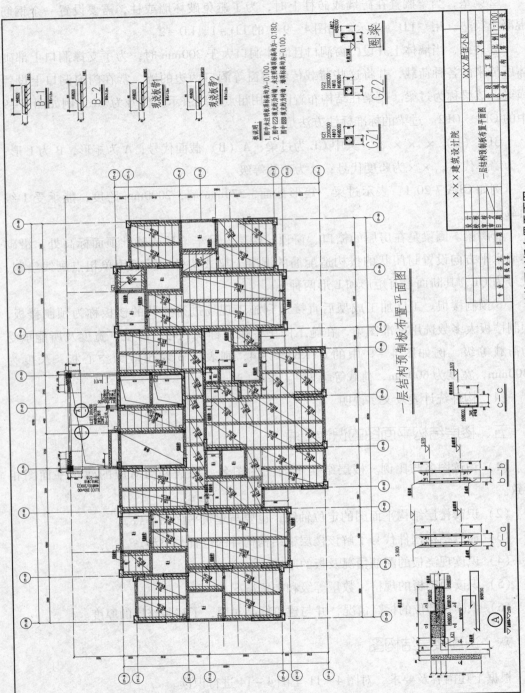

图 4-11 ×××居住小区×栋建筑一层结构预制板布置平面图

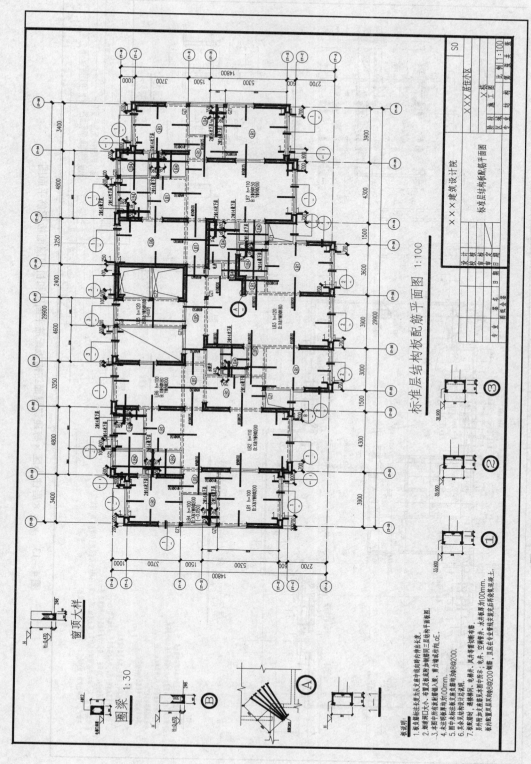

标准层结构板配筋平面图 1:100

图 4-12　×××居住小区×栋建筑十五层至十八层结构板配筋平面图

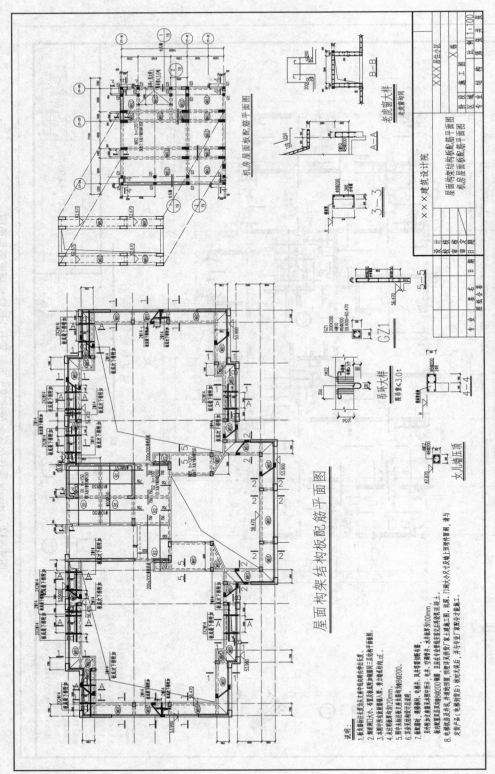

图 4-13　×××居住小区×栋建筑屋面结构板配筋平面图和机房屋面图和板板配筋平面图

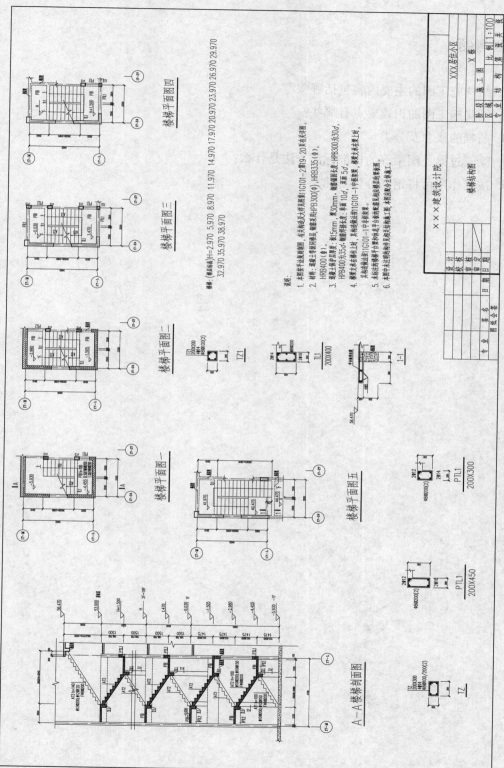

图 4—14　××居住小区×栋建筑楼梯结构图

课后思考题

1. 结构施工图的主要内容包括哪些？
2. 结构施工图的识读要点有哪些？
3. 基础的概念及分类？
4. 梁、过梁、圈梁等的标准标注方法是什么？
5. 按其作用可将钢筋分为哪几类？

第五章　建筑给水排水施工图

 学习目标

建筑给水排水施工图是设备施工图的重要组成部分之一,是建筑给排水工程施工的基本依据。

知识目标

1. 了解给排水施工图中常用的图例和符号。
2. 熟悉给排水施工图的标注方法。

能力目标

1. 掌握给排水施工图的组成和内容。
2. 掌握识读给排水施工图的方法。

第一节　概述

建筑给水排水系统是供应建筑内部和小区范围内的生活用水、生产用水和消防用水,并且把由此产生的生活污(废)水,以及雨雪水有组织地、通畅地排出至排水管网或污(废)水处理构筑物的系统。

一、给水系统的分类及组成

1. 给水系统的分类

给水系统包括建筑内部给水与小区给水系统。而建筑内部的给水系统是将城镇给水管网或自备水源给水管网的水引入室内,经配水管送至生活、生产和消防用水设备,并满足各用水点对水量、水压和水质要求的冷水供应系统。它与小区给水系统是以给水引入管上的阀门井或水表井为界。建筑内部给水系统按用途可分为生活给水系统、生产给水系统、消防给水系统。

（1）生活给水系统：供民用、公共建筑和工业企业建筑内的饮用、烹饪、洗涤、沐浴、盥洗等生活上的用水。要求水质必须严格符合国家规定的饮用水质标准。生活给水系统按供水水质不同又分为生活饮用水系统、直饮水系统和杂用水系统。

（2）生产给水系统：主要用于生产设备的冷却、原料洗涤、锅炉用水等方面的用水。因各种生产的工艺不同，生产给水系统种类繁多，对水质、水量、水压及安全方面的要求也由于工艺不同，差异很大，有的生产用水如冷却用水，是可以重复循环使用的。

（3）消防给水系统：供层数较多的民用建筑、大型公共建筑及某些生产车间的消防设备用水。消防用水对水质要求不高，但必须按建筑防火规范保证有足够的水量与水压。消防给水系统分为消火栓给水系统、自动喷淋灭火给水系统、水幕系统等。

2. 给水系统的组成

给水系统一般由下列部分组成。

（1）引入管：是建筑物内部给水系统与城市给水管网或建筑小区给水系统之间的联络管段，也称进户管。城市给水管网与建筑小区给水系统之间的联络管段称为总进水管。

（2）水表节点：水表节点是指引入管上装设的水表及其前后设置的闸门、泄水装置等总称。闸门用以关闭管网，以便修理和拆换水表；泄水装置为检修时放空管网、检测水表精度及测定进户点压力值。水表节点形式多样，选择时应按用户用水要求及所选择的水表型号等因素决定。分户水表设在分户支管上，可只在表前设阀，以便局部关断水流。

（3）建筑给水管网：是指将水输送至建筑内部各用水点的给水管网。由水平或垂直干管、立管、支管、分支管等组成。

（4）给水附件：给水附件指管路上闸阀、止回阀等控制附件及淋浴器、配水龙头、冲洗阀等配水附件和仪表、报警阀组等安全附件，用于控制或调节系统内水的流向、流量、压力，保证供水系统安全运行。

（5）升压和贮水设备：在市政管网压力不足或建筑对安全供水、水压稳定有较高要求时。需设置各种附加设备。如水箱、水泵、气压给水装置、贮水池等增压和贮水设备。

（6）消防防备：消防用水设备是指按建筑物防火要求及规定设置的消火栓、自动喷水灭火设备或水幕灭火设备等。

二、排水系统的分类及组成

1. 排水系统的分类

建筑内部排水系统根据接纳污（废）水的性质，可分为三类：

（1）生活排水系统。其任务是将建筑内生活废水（即人们日常生活中排泄的污水等）和生活污水（主要指粪便污水）排至室外。我国目前建筑排污分流设计中是将生活污水单独排入化粪池，而生活废水则直接排入市政下水道。

（2）工业废水排水系统。用来排除工业生产过程中的生产废水和生产污水。生产废水污染程度较轻，如循环冷却水等。生产污水的污染程度较重，一般需要经过处理后才能排放。

（3）建筑内部雨水管道。用来排除屋面的雨水，一般用于大屋面的厂房及一些高层建筑雨雪水的排除。

建筑排水体制分为两种：分流制和合流制。若生活污废水、工业废水及雨水分别设置管道排出室外称建筑分流制排水，若将其中两类以上的污水、废水合流排出则称建筑合流制排水。建筑排水系统是选择分流制排水系统还是合流制排水系统，应综合考虑污水污染性质、污染程度、室外排水体制是否有利于水质综合利用及处理等因素来确定。

2. 排水系统的组成

（1）污（废）水收集器：包括卫生器具、生产设备受水器、雨水斗等，负责收集和接纳各种污（废）水、雨水。

（2）排水管道：由器具排水管连接卫生器具和横支管之间的一段短管（坐式大便器除外），存水弯，有一定坡度的横支管、立管；埋设在地下的总干管和排出到室外的排水管等组成。

（3）通气管道：有伸顶通气立管、专用通气内立管、环形通气管等几种类型。其主要作用是让排水管与大气相通，稳定管系中的气压波动，使水流畅通，保证卫生器具存水弯中的水封不受破坏。

（4）清通设备：一般有检查口、清扫口，检查及带有清通门的弯头或三通等设备，作为疏通排水管道、保证排水畅通之用。

（5）提升设备：民用建筑中的地下室、人防建筑物、高层建筑的地下技术层、某些工业企业车间或半地下室、地下铁道等地下建筑物内的污（废）水不能自流排至室外必须设置如水泵、气压扬液器、喷射器等形式的污水提升设备来将这些污废水提升至污（废）水排放处。

（6）室外排水管道：自排水管接出的第一检查井后至城市下水道或工业企业排水

主干管间的排水管段即为室外排水管道，其任务是将建筑内部的污、废水排送到市政或厂区管道中去。

（7）污水局部处理构筑物：当建筑内部污水未经处理不允许直接排入城市下水道或水体时，在建筑物内或附近应设置局部处理构筑物予以处理。我国目前多采用在民用建筑和有生活间的工业建筑附近设化粪池，使生活粪便污水经化粪池处理后排入城市下水道或水体。

第二节　给水排水施工图识读

建筑给排水施工图，就是通过图例和文字说明，把建筑物内给水排水设备的安装位置，给水排水管道的管材料、规格、走向、连接和安装方式以图纸的形式表达出来，是工程项目中单项工程的组成部分之一，它是确定工程造价和组织施工的主要依据。

一、建筑给水排水施工图识读的一般规定

建筑给水排水施工图不但要遵守《房屋建筑制图统一标准》（GB 50001—2010）、《总图制图标准》（GB/T 50103—2010）等相关建筑统一标准，同时，国家还制定了《建筑给水排水制图标准》（GB/T 50106—2010），对建筑给水排水施工图制图、识图做了统一的规定，下面对建筑给水排水施工图的部分规定进行简单的介绍。

（1）线宽与线型。图线的宽度 B，应根据图纸的类别、比例和复杂程度，按《房屋建筑制图统一标准》（GB 50001—2010）中相关规定选用，宜为 0.7mm 或 1.0mm。

常用的各种线型宜符合《建筑给水排水制图标准》（GB/T 50106—2010）有关线型的规定，例如，新设计的各种排水和其他重力流管线采用的是粗实线。

（2）给水排水专业制图常用的比例，宜符合表 5-1 的规定。

表 5-1　　　　　　　　给水排水专业制图常用比例

名　称	比　例	备　注
区域规划图、区域位置图	1:50000、1:25000、1:10000、1:5000、1:2000	宜与总图专业一致
总平面图	1:1000、1:500、1:100	
管道纵断面图	竖向:1:200、1:100、1:50 横向:1:1000、1:500、1:300	
水处理厂（站）平面图	1:500、1:200、1:100	

名 称	比 例	备 注
水处理构筑物、设备间、卫生间，泵房平、剖面图	1:100、1:50、1:40、1:30	
建筑给水排水平面图	1:200、1:150、1:100	宜与建筑专业一致
建筑给水排水轴测图	1:150、1:100、1:50	宜与相应图纸一致
详图	1:50、1:30、1:20、1:10、1:5、1:2、1:1、2:1	

（3）标高。标高符号及一般标注方法应符合《房屋建筑制图统一标准》（GB/T 50001—2010）中的规定。此外，建筑给水排水施工图中标高的标注方法还应符合下列规定。

①平面图中，管道标高应按图 5-1 的方法标注。

②平面图中，沟渠标高应按图 5-2 的方法标注。

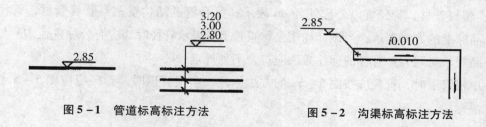

图 5-1 管道标高标注方法   图 5-2 沟渠标高标注方法

③剖面图中，管道及水位的标高应按图 5-3 的方法标注。

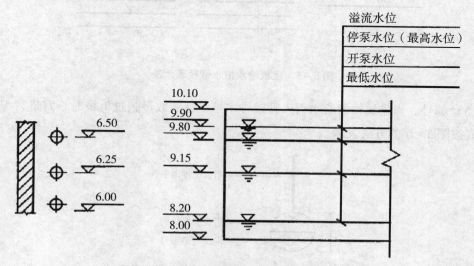

图 5-3 剖面图中管道及水位的标高标注方法

④轴测图中，管道标高应按图5-4的方式标注。

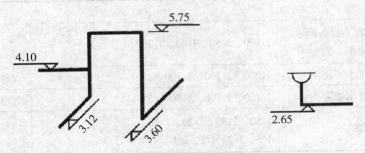

图5-4 轴测图中管道标高标注方法

（4）管径。管径应以 mm 为单位。管径的表达方式应符合下列规定：水煤气输送钢管（镀锌或非镀锌）、铸铁管等管材，管径宜以公称直径 DN 表示（如 DN15、DN50）；无缝钢管、焊接钢管（直缝或螺旋缝）、铜管、不锈钢管等管材，管径宜以外径 D×壁厚表示（如 D108×4、D159×5 等）；铜管、薄壁不锈钢等管材，管径宜以公称外径 Dw 表示；钢筋混凝土（或混凝土）管，管径宜以内径 d 表示（如 d230、d380等）；塑料管材，管径宜以公称外径 dn 表示；复合管、结构壁塑料管等管材，管径应按产品标准的方法表示；当设计均用公称直径 DN 表示管径时，应有公称直径 DN 与相应产品规格对照表。管径的标注方法应符合下列规定：

单根管道时，管径应按图5-5a的方法标注，多根管道时，管径应按图5-5（b）的方法标注。

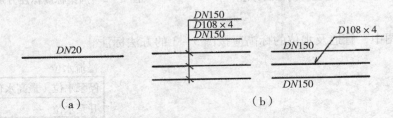

图5-5 建筑给水排水管径表示法

（5）编号。当建筑物的给水引入管或排水排出管的数量超过1根时，宜进行编号，编号宜按图5-6的方法表示。

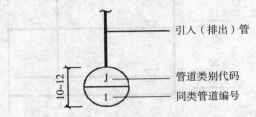

图5-6 给水引入（排水排出）管编号表示法

建筑物内穿越楼层的立管，其数量超过 1 根时宜进行编号，编号宜按图 5 – 7 的方法表示。

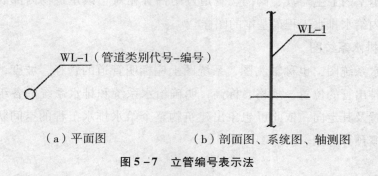

（a）平面图　　　　　（b）剖面图、系统图、轴测图

图 5 – 7　立管编号表示法

（6）图例。管道类别应以汉语拼音字母表示，下列是例举一些常用图例（图 5 – 8）。

—J— JL 市政生活给水管及立管	管道倒流防止器	延时自闭冲洗阀	安全阀
—Js— 商业生活给水管及立管	消防水泵接合器	止回阀	自动排气阀
—Jd— JdL 低碳生活给水管及立管	水表	减压阀	手提式灭火器
—Jg— JgL 高区生活给水管及立管	蝶阀	平面 系统 单栓室消火栓	检查口
—W— WL 污水管及立管	闸阀	可曲挠接头	清扫
—F— FL 废水管及立管	截止阀	压力表	圆形地漏
—XH— XHL 消火栓给水管及立管	角阀	过滤器	通气帽

图 5 – 8　建筑给水排水施工图常用图例

二、建筑给水排水施工图的识读内容

建筑给水排水施工图的包括图纸目录、设计说明、设备材料表等文字部分；还包括给水排水系统平面图、给水排水系统图、给水排水剖面图、给水排水工艺流程图、详图等图纸部分。

1. 图纸目录

建筑给水排水施工图的图纸目录主要包括两部分，一是设计人员绘制部分和选用的标准图部分。通过目录，可粗略地了解该图纸的主要内容。

2. 设计说明

建筑给水排水施工图的设计说明是把图示难以表示、或用文字描述更简单直接的部分用文字表达出来。

3. 给水排水系统平面图

给水排水系统平面图就是把室内给水平面图和室内排水平面图合画在同一图上。该平面图表示室内卫生器具、阀门、管道及附件等相对于该建筑物内部的平面布置情况，它是室内给水排水工程最基本的图样。

4. 给水排水系统图

给水排水系统图，也称轴测图，系统图上应标明管道的管径、坡度，各条给水引入管和排水排出管的位置、规格、标高，明确给水系统和排水系统的各组给水排水工程的空间位置及其走向，依此可想象出建筑物整个给水排水工程的空间状况，也便于施工安装和概预算应用。

5. 详图

室内给水排水工程的安装施工除需要前述的平面图、系统图外，还必须有若干安装详图。详图的特点是图形表达明确、尺寸标注齐全、文字说明详尽。安装详图一般均有标准图可供选用，不需再绘制。只需在施工说明中写明所采用的图号或用详图索引符号标注。

三、建筑给水排水施工图的识读要点

注意将建筑施工图与给排水施工图互相校核，特别是标高；对照平面图，阅读系统图；先找平面图、系统图对应编号，然后再读图；顺水流方向、按系统分组，交叉反复阅读平面图和系统图。

（1）识读给水排水施工图时应首先按图纸目录核对图纸，再看设计说明，以掌握工程概况和设计者的意图。分清图中的各个系统，从前到后、将平面图和系统图反复对照来看，以便相互补充和说明，建立全面、系统的空间形象。

（2）阅读给水系统图时，通常从引入管开始，依次按管→水平干管→立管→支管→配水器具的顺序进行阅读。

阅读排水系统图时，则依次按卫生器具、地漏及其他污水器具→连接管→水平支管→立管→排水管→检查井的顺序进行阅读。

（3）识读给水排水平面图时应先看底层平面图，再看楼层平面图；先看给水引入管、排水排出管，再看其他。

四、识读建筑给水排水施工图

依据上述建筑给水排水施工图的一般规定、内容及识读要点，对图 5－9 至图 5－13 进行识读。

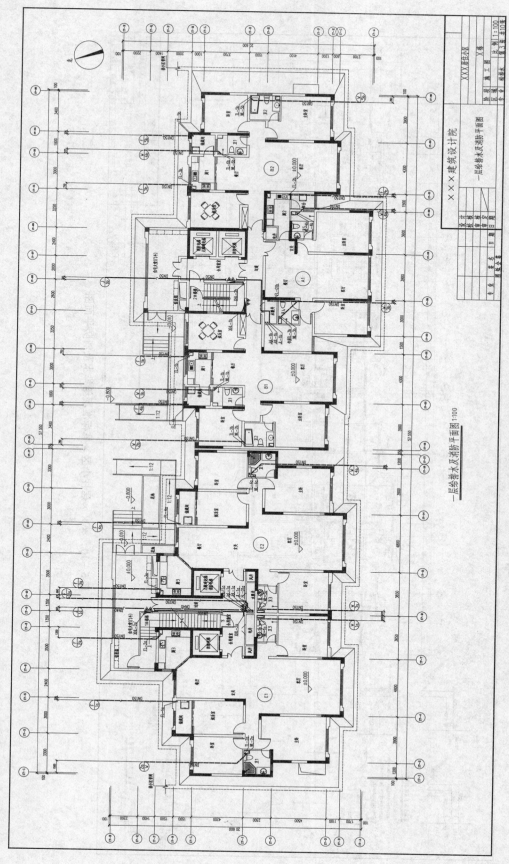

图 5-9 ×××居住小区×栋一层给排水及消防平面图

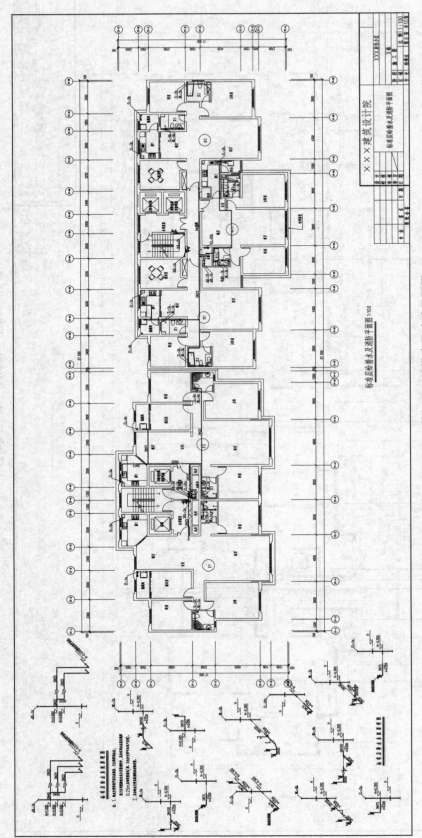

图 5-10　× × ×居住小区 ×栋标准层给排水及消防平面图

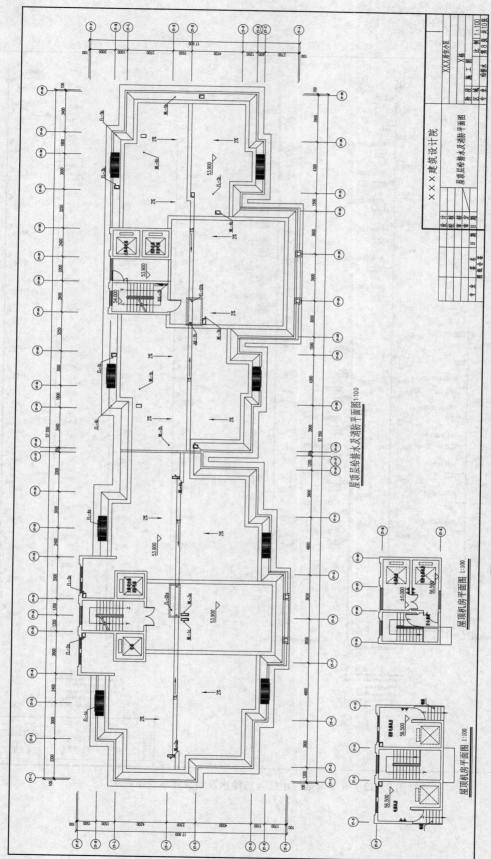

屋顶层给排水及消防平面图 1:100

屋顶机房平面图 1:100

屋顶机房平面图 1:100

图 5-11　×××居住小区×栋屋顶给排水消防平面图

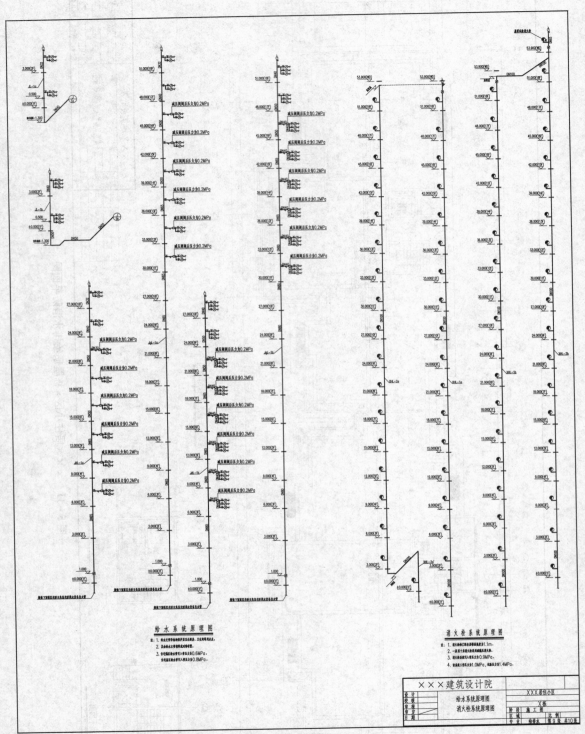

图 5 - 12　×××居住小区×栋给水及消火栓系统原理图

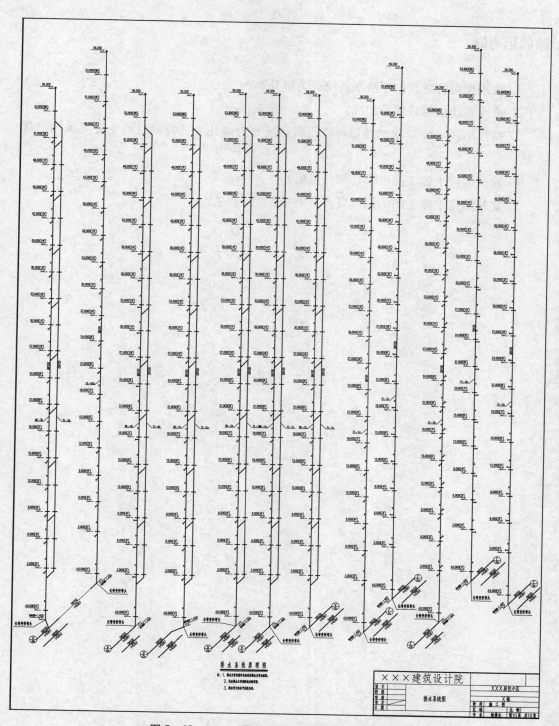

图 5-13　×××居住小区×栋排水系统原理图

课后思考题

1. 按用途可将建筑内部给水系统分为哪几类？
2. 给水系统由哪几部分组成？
3. 按接纳污（废）水的性质可将排水系统分为哪几类，我国目前主要是采用的哪一类？
4. 建筑给排水施工图由哪几部分组成？
5. 建筑给排水施工图的识读要点有哪些？

第六章　建筑电气施工图

学习目标

建筑电气施工图也是设备施工图的重要组成部分之一，是建筑电力施工的基本依据。

知识目标

1. 了解电气施工图中常用的图例、符号及制图标准。
2. 掌握电气施工图的识读方法和基本技能。

能力目标

1. 能熟练识读电气施工图。
2. 通过施工图掌握各系统的构成。

第一节　概述

民用建筑电气设备包括室内照明、家用电气设备插座和电子设备系统（弱电系统，主要包括电信、有线电视、自动监控等）。室内照明与家用电器插座可以作为一个系统，而电子设备系统则是各大自独立的系统，用来表达这些电工和电子设备的施工图称为建筑电气施工图。若是工业建筑除了上述系统以外，还需配备符合工业动力需要的动力供电系统。

一、建筑电气系统的组成

建筑电气系统主要有下述五部分组成：变电和配电系统，动力设备系统，照明系统，防雷和接地装置，弱电系统。

（1）变电和配电系统。建筑物内用电设备运行的允许电压（额定电压）出于用电安全大都低于380V，但输电线路一般电压为10kV、35kV或以上。因此，独立的建筑物需设自备变压设备，并装设低压配电装置。这种变电、配电的设备和装置组成变电和配电系统。

（2）动力设备系统。建筑物内有很多动力设备，如水泵、锅炉、空气调节设备、送风和排风机、电梯、试验装置等。这些设备及其供电线路、控制电器、保护继电器等，组成动力设备系统。

（3）照明系统。包括电光源、灯具和照明线路。根据建筑物的不同用途，对电光源和灯具有不同的要求（见电气照明系统）。照明线路应供电可靠、安全，电压稳定。

（4）防雷和接地装置。建筑防雷装置能将雷电引泄入地，使建筑物免遭雷击。另外，从安全考虑，建筑物内用电设备的不应带电的金属部分都需要接地，因此要有统一的接地装置。

（5）弱电系统。主要用于传输信号。如电话系统、有线广播系统、消防监测系统、闭路监视系统，共用电视天线系统、对建筑物中各种设备进行统一管理和控制的计算机管理系统等。

第二节　建筑电气施工图识读

一、建筑电气施工图的一般规定

（1）建筑电气工程图大多是采用统一的图形符号并加注文字符号绘制而成的。

电气符号主要包括文字符号、图形符号、项目代号和回路标号等。在绘制电气图时，所有电气设备和电气元件都应使用国家统一标准符号，当没有国际标准符号时，可采用国家标准或行业标准符号。要想看懂电气图，就应了解各种电气符号的含义、标准原则和使用方法，充分掌握由图形符号和文字符号所提供的信息，才能正确地识图（见图 6－1、图 6－2）。

电气技术文字符号在电气图中一般标注在电气设备、装置和元器件图形符号上或者其近旁，以表明设备、装置和元器件的名称、功能、状态和特征。

单字母符号用拉丁字母将各种电气设备、装置和元器件分为23类，每大类用一个大写字母表示。如用"V"表示半导体器件和电真空器件，用"K"表示继电器、接触器类等。

双字母符号是由一个表示种类的字单母符号与另一个表示用途、功能、状态和特征的字母组成，种类字母在前，功能名称字母在后。如"T"表示变压器类，则"TA"表示电流互感器，"TV"表示电压互感器，"TM"表示电力变压器等。辅助文字符号基本上是英文词语的缩写，表示电气设备、装置和元件的功能、状态和特征。例如，"启动"采用"START"的前两位字母"ST"作为辅助文字符号，另外辅助文字符号也可单独使用，如"N"表示交流电源的中性线，"OFF"表示断开，"DC"表示直流等。

序号	线型符号 形式1	线型符号 形式2	说　明	序号	线型符号 形式1	线型符号 形式2	说　明
1	S	——S——	信号线路	9	TV	——TV——	有线电视线路
2	C	——C——	控制线路	10	BC	——BC——	广播线路
3	EL	——EL——	应急照明线路	11	V	——V——	视频线路
4	PE	——PE——	保护接地线	12	GCS	——GCS——	综合布线系统线路
5	E	——E——	接地线	13	F	——F——	消防电话线路
6	LP	——LP——	接闪线、接闪带、接闪网	14	D	——D——	50V 以下的电源线路
7	TP	——TP——	电话线路	15	DC	——DC——	直流电源线路
8	TD	——TD——	数据线路	16			光缆，一般符号

图6-1　电气线路线型符号图

序号	图例	图例名称	序号	图例	图例名称
1		MEB　总等电位联结端子板	14		诱导灯（带蓄电池）
2		LEB　局部等电位联结端子板	15		应急灯（带蓄电池）
3		轴流风机	16		安全出口灯（带蓄电池）
4		排气扇	17		吸顶灯
5		声光控延时自熄开关	18		墙上座灯
6		暗装单极开关	19		天棚座灯
7		暗装双极开关	20		应急节能壁灯（带蓄电池）
8		暗装三极开关	21	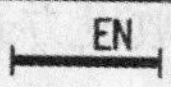 EN	单管荧光灯（带蓄电池）
9		带开关暗装单相插座（洗衣机用）	22		双切换箱
10		带开关暗装单相插座（抽油烟机用）	23		户控箱
11		安全型暗装单相插座	24		公用照明箱
12		安全型暗装单相插座	25		电表箱
13		安全型暗装单相插座（空调插座）	26		进线箱

图6-2　建筑电气工程常用图例

（2）电气线路都必须构成闭合回路；

（3）线路中的各种设备、元件都是通过导线连接成为一个整体的；

（4）在进行建筑电气工程图识读时应阅读相应的土建工程图及其他安装工程图，以了解相互间的配合关系；

（5）建筑电气工程图对于设备的安装方法、质量要求及使用维修方面的技术要求等往往不能完全反映出来，所以在阅读图纸时有关安装方法、技术要求等问题，要参照相关图集和规范。

二、建筑电气施工图识读的内容

1. 图纸目录与设计说明

包括图纸内容、数量、工程概况、设计依据及图中未能表达清楚的各有关事项。如供电电源的来源、供电方式、电压等级、线路敷设方式、防雷接地、设备安装高度及安装方式、工程主要技术数据、施工注意事项等。

2. 主要材料设备表

包括工程中所使用的各种设备和材料的名称、型号、规格、数量等，它是编制购置设备、材料计划的重要依据之一。

3. 系统图

如变配电工程的供配电系统图、照明工程的照明系统图、电缆电视系统图等。系统图反映了系统的基本组成、主要电气设备、元件之间的连接情况，以及它们的规格、型号、参数等。

4. 平面布置图

平面布置图是电气施工图中的重要图纸之一，如变、配电所电气设备安装平面图、照明平面图、防雷接地平面图等，用来表示电气设备的编号、名称、型号及安装位置、线路的起始点、敷设部位、敷设方式，以及所用导线型号、规格、根数、管径大小等。通过阅读系统图，了解系统基本组成之后，就可以依据平面图编制工程预算和施工方案，然后组织施工。

5. 控制原理图

包括系统中各所用电气设备的电气控制原理，用以指导电气设备的安装和控制系统的调试运行工作。

6. 安装接线图

包括电气设备的布置与接线，应与控制原理图对照阅读，进行系统的配线和调校。

7. 安装大样图

安装大样图是详细表示电气设备安装方法的图纸，对安装部件的各部位注有具体图形和详细尺寸，是进行安装施工和编制工程材料计划时的重要参考。

三、建筑电气施工图的识读要点

（1）针对一套电气施工图，一般应先按目录顺序识读，然后再对某部分内容进行重点识读，在明确负荷等级的基础上，了解供电电源的来源、引入方式及路数；了解电源的进户方式是由室外低压架空引入还是电缆直埋引入；明确各配电回路的相序、路径、管线敷设部位、敷设方式，以及导线的型号和根数；明确电气设备、器件的平面安装位置。

（2）结合土建施工图进行识读。电气施工与土建施工结合得非常紧密，施工中常常涉及各工种之间的配合问题。电气施工平面图只反映了电气设备的平面布置情况，结合土建施工图的阅读还可以了解电气设备的立体布设情况。

（3）熟悉施工顺序，便于阅读电气施工图。如识读配电系统图、照明与插座平面图时，就应首先了解室内配线的施工顺序。

（4）施工图中各图纸应协调配合阅读。对于具体工程来说，为说明配电关系时需要有配电系统图；为说明电气设备、器件的具体安装位置时需要有平面布置图；为说明设备工作原理时需要有控制原理图；为表示元件连接关系时需要有安装接线图；为说明设备、材料的特性、参数时需要有设备材料表等。这些图纸各自的用途不同，但相互之间是有联系并协调一致的。在识读时应根据需要，将各图纸结合起来识读，以达到对整个工程或分部项目全面了解的目的。

四、识读建筑电气施工图

依据上述建筑电气施工图的一般规定、内容及识读要点，对图6-3至图6-7进行识读。

课后思考题

1. 建筑电气系统由哪几部分组成？
2. 弱电系统的作用是什么？
3. 建筑电气施工图的一般规定主要有哪些？
4. 建筑电气施工图的内容有哪些？
5. 怎样识读建筑电气施工图？

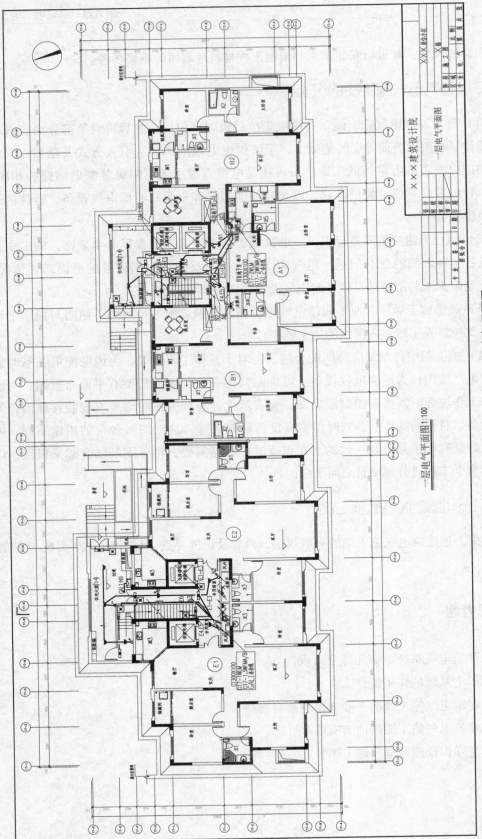

一层电气平面图 1:100

图 6-3 ×××居住小区×栋建筑一层电气平面图

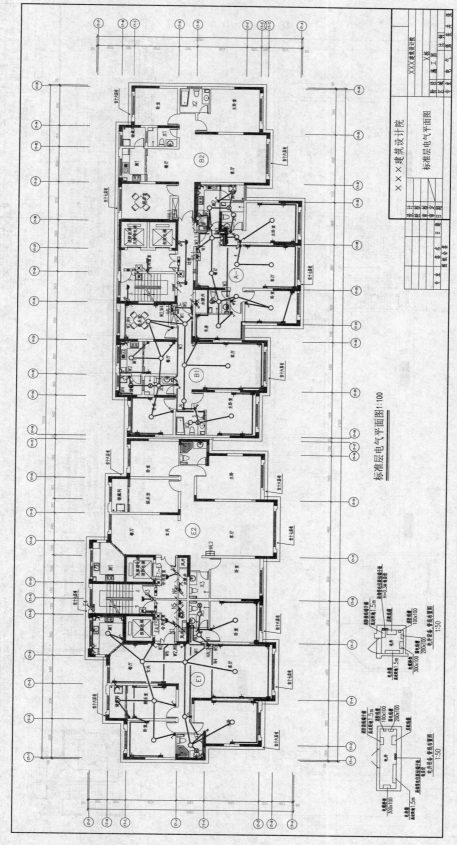

图 6-4 ×××居住小区×栋建筑标准层电气平面图

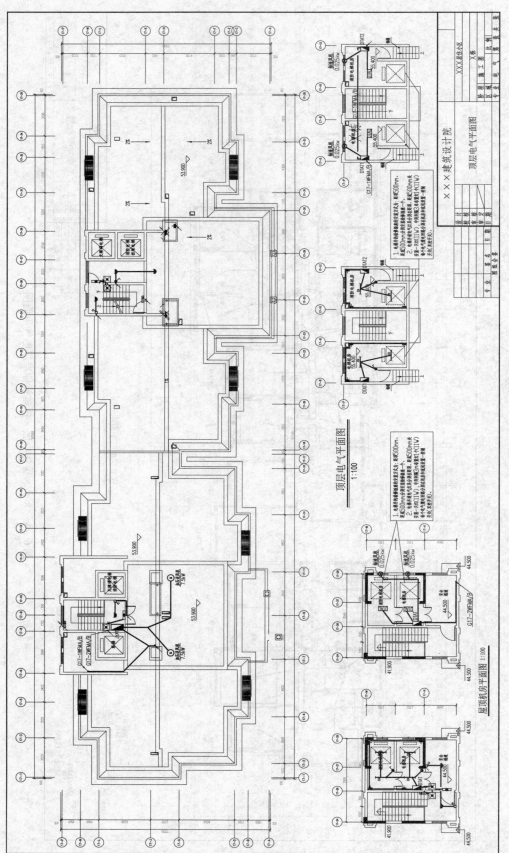

图 6-5 ×××居住小区×栋建筑顶层电气平面图

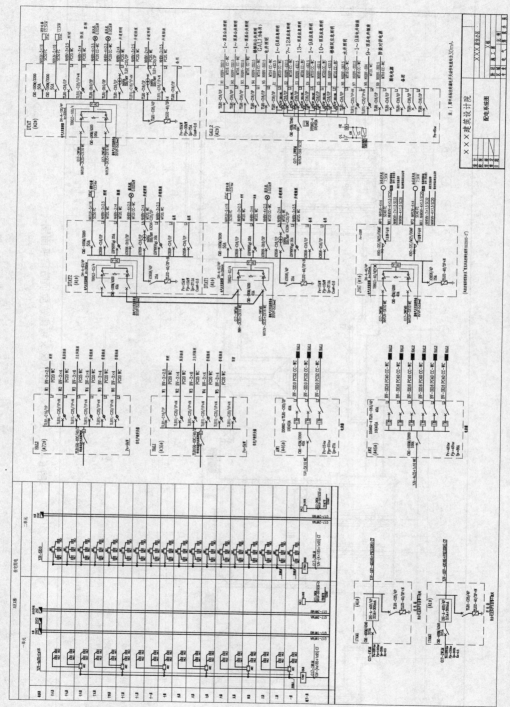

图 6-6 ×××居住小区 x 栋建筑配电系统图

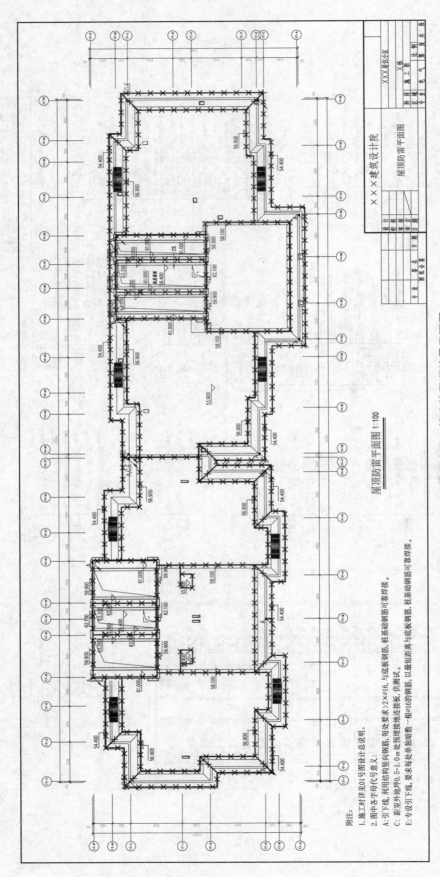

屋顶防雷平面图 1:100

附注：
1. 施工时详见01号图设计总说明。
2. 图中各字母代号意义：
A: 引下线，利用结构竖向钢筋，每处要求2×2×16，与底板钢筋、桩基础钢筋可靠焊接。
C: 断室外地坪0.5~1.0m处预埋接地连接板，供测试。
E: 专设引下线，要求每处每处单独暗敷一根φ16的钢筋，以最短距离与底板底板钢筋、桩基础钢筋可靠焊接。

图 6-7 ×××居住小区×栋建筑屋顶防雷平面图

第七章　建筑采暖施工图

🌐 **学习目标**

建筑采暖施工图是设备施工图的重要组成部分之一，是建筑采暖施工的基本依据。

🔍 **知识目标**

1. 了解采暖施工图中常用的图例、符号及制图标准；
2. 掌握采暖施工图的识读方法和基本技能。

✍ **能力目标**

1. 能熟练识读采暖施工图；
2. 具备协调采暖与建筑其他各个系统的关系的能力。

第一节　概述

供暖就是用人工方法向室内供给热量，使室内保持一定的温度，以创造适宜的生活条件或工作条件的技术。供暖系统由热源（热媒制备）、热循环系统（管网或热媒输送）及散热设备（热媒利用）三个主要部分组成。

一、供暖系统的组成

（1）热源（热媒制备）。使燃料燃烧产生热，将热媒（载热体）加热成热水或蒸汽的部分，如锅炉房、热交换站等。

（2）热循环系统（管网或热媒输送）。供热管道是指热源和散热设备之间的连接管道，将热媒输送到各个散热设备。

（3）散热设备（热媒利用）。将热量传至所需空间的设备，如散热器、暖风机、辐射板等。

二、供暖方式的分类

1. 按供暖的范围分

（1）局部供暖。将热源和散热设备合并成一个局部供暖的整体，分散设置在各个房间里，叫作局部供暖。如火炉、火墙、火炕、电红外线供暖等均属于局部供暖。

（2）集中供暖。热源和散热设备分别设置，热源通过热媒管道向各个房间或各个建筑物供给热量的供暖系统，称为集中式供暖系统。以热水和蒸汽作为热媒的集中采暖系统可以较好地满足人们生活、工作及生产对室内温度的要求，并且卫生条件好，减少了对环境的污染，广泛应用于营房建筑供暖工程。

2. 按散热方式的不同分

（1）对流供暖。热能是散热器以空气为媒介将热能传递到供暖空间，通过人和物的表面吸热的。当室内空气被加热，形成冷热空气对流，如散热器供暖系统、空调等供暖方式。

（2）辐射供暖。发热体将大部分热量以辐射形式送入供暖空间，被人体或物体吸收后，马上转化成热能而得到温暖，从而进一步达到提升室温的作用。例如金属板辐射或顶棚、地板辐射（地暖）等供暖方式。

三、供暖系统的分类

供暖系统有很多种不同的分类方法。

（1）按照热媒的不同可以分为：热水供暖系统、蒸汽供暖系统、热风供暖系统。

①热水供暖系统。就是以热水作为热媒的供暖系统。

②蒸汽供暖系统。是指城市集中供热系统中用水为供热介质，以蒸汽的形态，从热源携带热量，经过热网送至用户。

③热风供暖系统。利用热空气做媒质的对流采暖方式。用于采暖的全空气系统。送入室内的空气只经加热和加湿（也可以不加湿）处理，而无冷却处理。这种系统只在寒冷地区有采暖要求的大空间建筑中应用。

（2）按照热源的不同又分为热电厂供暖、区域锅炉房供暖、集中供暖三大类。

①热电厂供暖。热电厂供暖方式是指联合生产热能和电能的城市集中供暖方式。

②区域锅炉房供暖。以区域锅炉房作为热源的城市集中供暖方式。通过在区域锅炉房内装置大容量、高效率的蒸汽锅炉或热水锅炉，向城市各类用户供应生产和生活用热。

③集中供暖。集中供暖即集中的热源通过管路将热量传递给用户的供暖方式。集中供暖在系统供热里都是有动力泵的，即便一个很小的供热系统也是由轴流泵给循环

水提供动力。

第二节 建筑采暖施工图识读

一、建筑采暖施工图的一般规定

（1）线型。建筑采暖施工图的基本线宽 b 宜选用 0.18mm、0.35mm、0.5mm、0.7mm、1.0mm。图中仅有两种线宽时，线宽组宜为 b 和 $0.25b$。

（2）比例、图例。总平面图、平面图的比例，宜与工程项目设计的主导专业一致。采暖与空调水管管道阀门与附件、调控装置和仪表等，常用图例绘制（见表 7-1）。

（3）建筑物的平面布置。应注明轴线、房间主要尺寸、指北针，必要时应注明房间名称、各房间分布、门窗和楼梯间位置等。在图上应注明轴线编号、外墙总长尺寸、地面及楼板标高等与采暖系统施工安装有关的尺寸；热力入口位置，供、回水总管名称、管径；干、立、支管位置和走向，管径及立管（平面图上为小圆圈）编号。

（4）散热器规格和数量标注方法：

① 柱型、长翼型散热器只标注数量（片数）；

② 圆翼型散热器应标注根数、排数，如 3×2（每排根数×排数）；

③ 光管散热器应标注管径、长度、排数，如 $D108 \times 200 \times 4$ ［管径（mm）×管长（mm）×排数］；

④ 闭式散热器应标注长度、排数，如 1.0×2 ［长度（m）×排数］；

⑤对于多层建筑，各层散热器布置基本相同时，也可采用标准层画法。在标准层平面图上，散热器要注明层数和各层的数量。

⑥平面图中散热器与供水（供汽）、回水（凝结水）管道的连接应遵循图 7-1 所示方法。

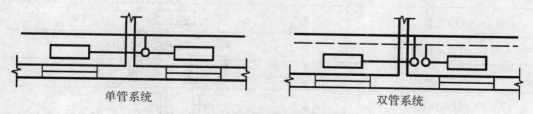

单管系统　　　　　　　　　双管系统

图 7-1　平面图中散热器与管道连接方法

表 7 –1   建筑采暖施工图常用图例表

名称	符号
低区采暖供水管	———— Rd ————
低区采暖回水管	------------ rd ------------
高区采暖供水管	———— Rg ————
高区采暖回水管	------------ rg ------------
商业采暖供水管	———— Rs ————
商业采暖回水管	------------ rs ------------
闸阀	
黄铜截止阀	
黄铜锁闭球阀	
过滤球阀	
黄铜球阀	
平衡阀	
自力式平衡阀	
散热器三通阀	
三通温控阀	
Y 型过滤器	
一体化用户热量表	
波纹管补偿器	
固定支架	
自动排气阀	
散热器	
风管止回阀	N.R.D N.R.D
风管软接头	
轴流风机	
加压送风系统（机组）编号	JY-6-b b=1~4

（5）按规定对系统图进行编号，并标注散热器的数量。柱型、圆翼型散热器的数量应标注在散热器内，如图7－2所示；光管式、串片式散热器的规格及数量应标注在散热器的上方，如图7－3所示。

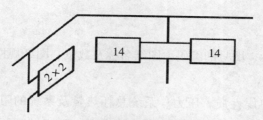

图7－2　柱型、圆翼型散热器图示法

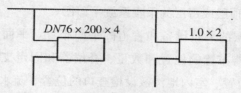

图7－3　光管式、串片式散热器图示法

（6）采暖系统编号、入口编号由系统代号和顺序号组成。室内采暖系统代号为"X"（见图7－4），图7－4（b）为系统分支画法。

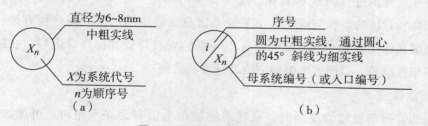

图7－4　室内采暖系统代号

（7）竖向布置的垂直管道系统，应标注立管号（立管号代号为"N"），如图7－5所示。为避免引起误解，可只标注序号，但应与建筑轴线编号有明显区别。

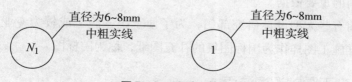

图7－5　采暖立管号

二、建筑采暖施工图的内容

建筑采暖施工图主要由目录、设计说明、采暖平面图、采暖系统图、节点详图等组成。

1. 目录

标注单位工程名称、图号的编码、图纸名称及数量、图纸规格等内容。

2. 设计说明书

以文字方式叙述热媒性质、压力、系统总耗热量及系统的阻力损失、采用管材材质与种类、散热器形式、阀门型号、管道连接方式、强度试验要求、保温做法、疏水器型号和特殊要求或做法、补偿器的类型及型号等。

3. 首层、标准层、顶层或每层的采暖系统平面图

主要表明建筑物各层的采暖设备和管道的平面布置。平面图标注出采暖管道的位置、走向、管径、散热器布置的位置和数量、补偿器和固定支架的位置、自动排气阀（或集气罐）的型号及位置、室内地沟敷设检查口的位置、疏水器位置等。

4. 采暖系统图

主要反映管道立体布置情况，是补充平面图无法表示清楚的图纸。系统图又称透视图，表明整个采暖系统的设备、附件和干、立、支管在空间的布置及相互关系。具体可反映立支管的连接方式和管径、立支管阀门的位置、支管与散热器的连接方法、管道的标高、管道的坡度与坡向、主于管上做分支管道的三维空间连接方法、散热器的安装高度和连接方法、自动排气阀（集气罐）安装位置和标高等内容。在施工中可与平面图相互参照，以便更准确地完成设计者的意图。

5. 节点详图

当局部管道布置较为复杂时，或建筑物屋顶上设有膨胀水箱时，可增加大样图，将局部放大表示清楚，以便于施工者操作。

6. 主要设备及材料表

包括工程中所使用的各种设备和材料的名称、型号、规格、数量等，是编制购置设备、材料计划的重要依据。

此外，目前有些大型设计研究部门，为了便于统一施工或较为专业性项目，采用自行编制的标准施工图样作为国标图集的补充图纸，称为院标图。

三、采暖施工图的识读要点

采暖施工图识图时，应配合平面图、系统图及大样图，注意图纸比例的变化，先识读采暖平面图，再对照采暖平面图识读采暖系统图，最后识读详图，有序系统识读。

（1）采用先底层、中间层的采暖设备，再由热力入口（热媒入口）起，按照供汽（水）干、立、支管及凝（回）水支、立、干管的顺序识读采暖平面图。

（2）采暖系统图的识读则是从热力入口（热媒入口）起，沿汽（水）流的方向识读。供汽（水）总管、供汽（水）干管、各供汽（水）立管、各组散热器的供汽（水）支管、各组散热器的凝（回）水支管、凝（回）水立管、凝（回）水干管、凝（回）水总管。

四、识读建筑采暖施工图

依据上述建筑采暖施工图的一般规定、内容及识读要点，对图 7 - 6 至图 7 - 10 进行识读。

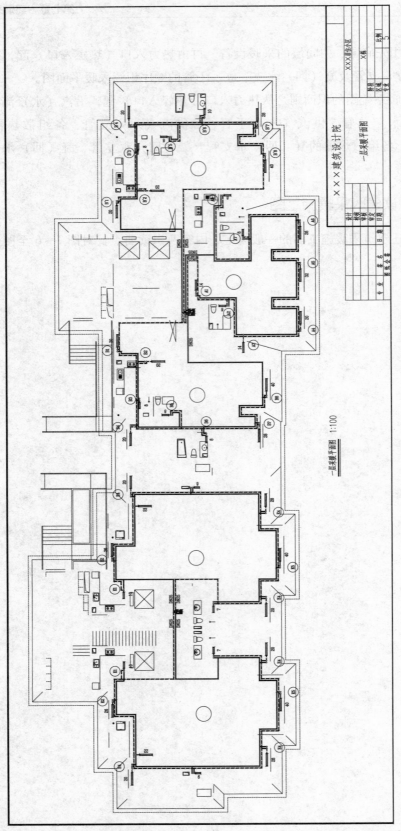

一层采暖平面图 1:100

图 7-6 ×××居住小区×栋一层采暖平面图

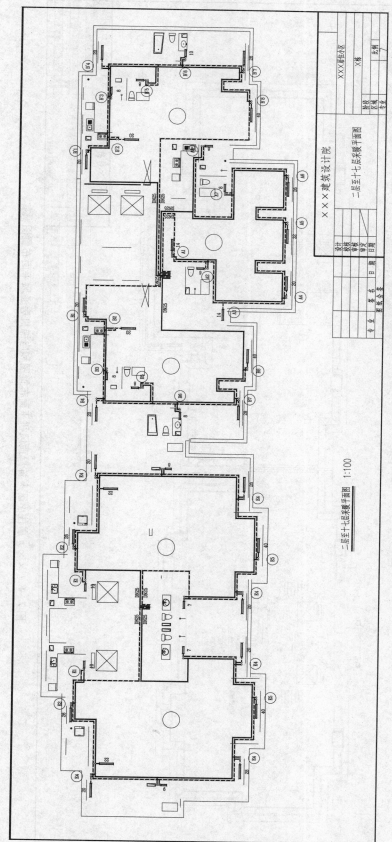

二层至十七层采暖平面图 1:100

图7-7 ×××居住小区×栋二层至十七层采暖平面图

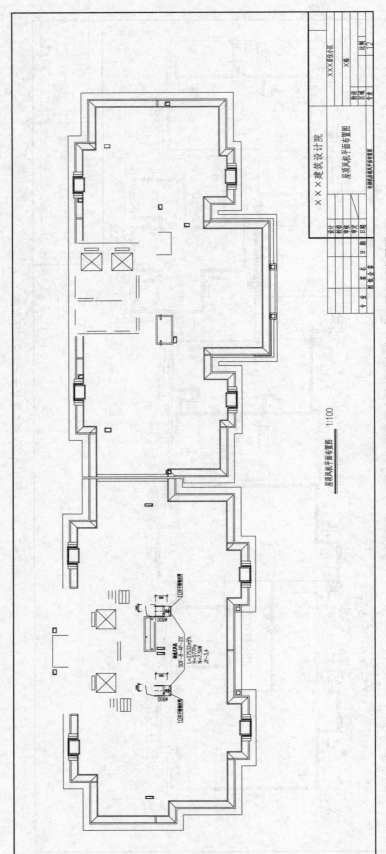

屋顶风机平面布置图

1:100

图 7-8 ×××居住小区×栋屋顶风机平面布置图和电梯机房通风平面布置图

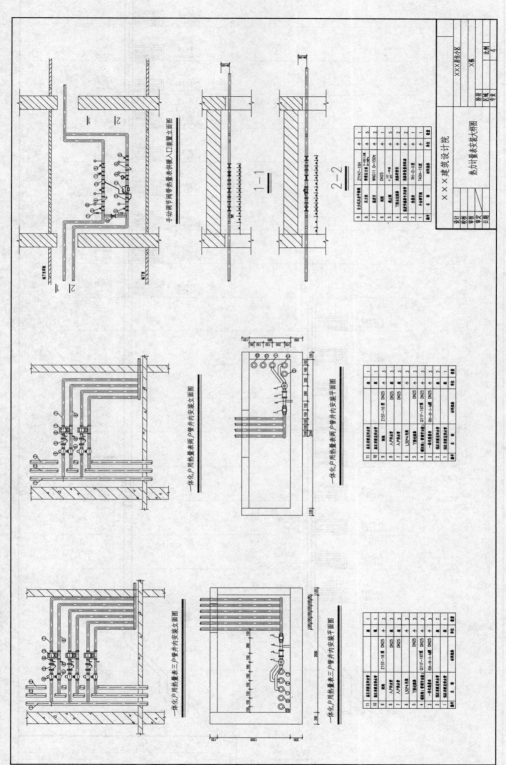

图 7-9 ×××居住小区×栋建筑采暖热力计算表安装大样图

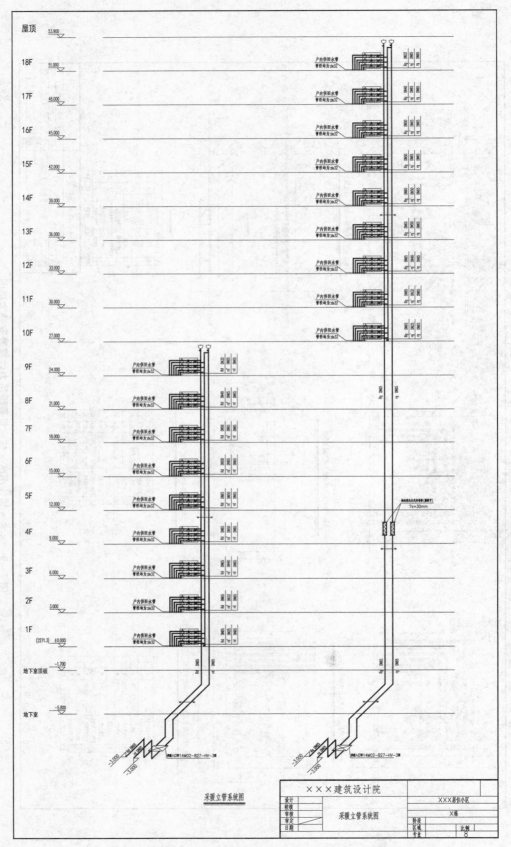

图 7-10　×××居住小区×栋建筑采暖立管系统图

课后思考题

1. 供暖系统由哪几部分组成？
2. 供暖系统有哪几种分类？
3. 建筑采暖施工图包括哪几类图样？
4. 试述建筑采暖施工图的识读要点？
5. 熟悉建筑采暖施工图常用图例。

参考文献

［1］中华人民共和国住房和城乡建设部．GB/T 50103—2010 总图制图标准［S］．北京：中国计划出版社，2011.

［2］中华人民共和国住房和城乡建设部．GB/T 50001—2010 房屋建筑制图统一标准［S］．北京：中国计划出版社，2011.

［3］中华人民共和国住房和城乡建设部．GB/T 50105—2010 建筑结构制图标准［S］．北京：中国建筑工业出版社，2010.

［4］马光红，伍培，朱再新，等．建筑制图与识图［M］．2 版．北京：中国电力出版社，2008.

［5］谭伟建，王芳，等．建筑设备工程图识读与绘制［M］．北京：机械工业出版社，2013.

［6］中华人民共和国住房和城乡建设部．GB/T 50106—2010 建筑给水排水制图标准［S］．北京：中国建筑工业出版社，2010.

附录 A 《房屋建筑制图统一标准》
（GB 50001—2010）（节选）

12 计算机制图文件

12.1 一般规定

12.1.1 计算机制图文件可分为工程图库文件和工程图纸文件，工程图库文件可在一个以上的工程中重复使用；工程图纸文件只能在一个工程中使用。

12.1.2 建立合理的文件目录结构，可对计算机制图文件进行有效的管理和利用。

12.2 工程图纸的编号

12.2.1 工程图纸编号应符合下列规定：

1 工程图纸根据不同的子项（区段）、专业、阶段等进行编排，宜按照设计总说明、平面图、立面图、剖面图、大样图（大比例视图）、详图、清单、简图的顺序编号；

2 工程图纸编号应使用汉字、数字和连字符"-"的组合；

3 在同一工程中，应使用统一的工程图纸编号格式，工程图纸编号应自始至终保持不变。

12.2.2 工程图纸编号格式应符合下列规定：

1 工程图纸编号可由区段代码、专业缩写代码、阶段代码、类型代码、序列号、更改代码和更新版本序列号等组成（见图12.2.2），其中区段代码、专业缩写代码、阶段代码、类型代码、序列号、更改代码和更新版本序列号可根据需要设置。区段代码与专业缩写代码、阶段代码与类型代码、序列号与更改代码之间用连字符"-"分隔开；

2 区段代码用于工程规模较大、需要划分子项或分区段时，区别不同的子项或分区，由 2~4 个汉字和数字组成；

3 专业缩写代码用于说明专业类别（如建筑等），由 1 个汉字组成；宜选用本标准

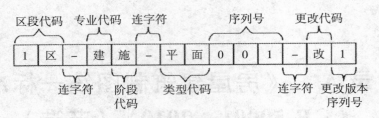

图 12.2.2　工程图纸编号格式

附录 A 所列出的常用专业缩写代码；

　　4 阶段代码用于区别不同的设计阶段，由 1 个汉字组成；宜选用本标准附录 A 所列出的常用 阶段代码；

　　5 类型代码用于说明工程图纸的类型（如楼层平面图），由 2 个字符组成；宜选用本标准附录 A 所列出的常用类型代码；

　　6 序列号用于标识同一类图纸的顺序，由 001～999 的任意 3 位数字组成；

　　7 更改代码用于标识某张图纸的变更图，用汉字"改"表示；

　　8 更改版本序列号用于标识变更图的版次，由 1～9 的任意 1 位数字组成。

12.3　计算机制图文件的命名

12.3.1　工程图纸文件命名应符合下列规定：

　　1 工程图纸文件可根据不同的工程、子项或分区、专业、图纸类型等进行组织，命名规则应具有一定的逻辑关系，便于识别、记忆、操作和检索。

　　2 工程图纸文件名称应使用拉丁字母、数字、连字符"－"和井字符"#"的组合。

　　3 在同一工程中，应使用统一的工程图纸文件名称格式，工程图纸文件名称应自始至终不变。

12.3.2　工程图纸文件命名格式应符合下列规定：

　　1 工程图纸文件名称可由工程代码、专业代码、类型代码、用户定义代码和文件扩展名组成（见图 12.3.2－1），其中工程代码和用户定义代码可根据需要设置，专业代码与类型代码之间用连字符"－"分隔开；用户定义代码与文件扩展名之间用小数点"."分隔开；

　　2 工程代码用于说明工程、子项或区段，可由 2～5 个字符和数字组成；

　　3 专业代码用于说明专业类别，由 1 个字符组成；宜选用本标准附录 A 所列出的常用专业代码；

　　4 类型代码用于说明工程图纸文件的类型，由 2 个字符组成；宜选用本标准附录 A 所列出的常用类型代码；

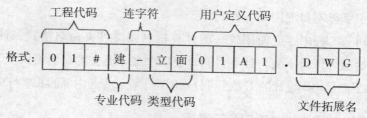

图 12.3.2 – 1　工程图纸文件命名格式

5 用户定义代码用于进一步说明工程图纸文件的类型，宜由 2 ~ 5 个字符和数字组成，其中前两个字符为标识同一类图纸文件的序列号，后两位字符表示工程图纸文件变更的范围与版次（见图 12.3.2 – 2）；

图 12.3.2 – 2　工程图纸文件变更范围与版次表示

6 小数点后的文件扩展名由创建工程图纸文件的计算机制图软件定义，由 3 个字符组成。

12.3.3　工程图库文件命名应符合下列规定：

1 工程图库文件应根据建筑体系、组装需要或用法等进行分类，便于识别、记忆、操作和检索；

2 工程图库文件名称应使用拉丁字母和数字的组合；

3 在特定工程中使用工程图库文件，应将该工程图库文件复制到特定工程的文件夹中，并应 更名为与特定工程相适应的工程图纸文件名。

12.4　计算机制图文件夹

12.4.1　计算机制图文件夹可根据工程、设计阶段、专业、使用人和文件类型等进行组织。计算机制图文件夹的名称可以由用户或计算机制图软件定义，并应在工程上具有明确的逻辑关系，便于识别、记忆、管理和检索。

12.4.2　计算机制图文件夹名称可使用汉字、拉丁字母、数字和连字符"–"的组合，但汉字与拉丁字母不得混用。

12.4.3　在同一工程中，应使用统一的计算机制图文件夹命名格式，计算机制图文件夹名称应自始至终保持不变，且不得同时使用中文和英文的命名格式。

12.4.4　为了满足协同设计的需要，可分别创建工程、专业内部的共享与交换文件夹。

12.5　计算机制图文件的使用与管理

12.5.1　工程图纸文件应与工程图纸相对应，以保证存档时工程图纸与计算机制图文件的一致性。

12.5.2　计算机制图文件宜使用标准化的工程图库文件。

12.5.3　文件备份应符合下列规定：

　　1 计算机制图文件应及时备份，避免文件及数据的意外损坏、丢失等；

　　2 计算机制图文件备份的时间和份数可根据具体情况自行确定，宜每日或每周备份一次。

12.5.4　应采取定期备份、预防计算机病毒、在安全的设备中保存文件的副本、设置相应的文件访问与操作权限、文件加密，以及使用不间断电源（UPS）等保护措施，对计算机制图文件进行有效保护。

12.5.5　计算机制图文件应及时归档。

12.5.6　不同系统间图形文件交换应符合现行国家标准《工业自动化系统与集成 产品数据表达与交换》（GB/T 16656）的规定。

12.6　协同设计与计算机制图文件

12.6.1　协同设计的计算机制图文件组织应符合下列规定：

　　1 采用协同设计方式，应根据工程的性质、规模、复杂程度和专业需要，合理、有序地组织计算机制图文件，并据此确定设计团队成员的任务分工；

　　2 采用协同设计方式组织计算机制图文件，应以减少或避免设计内容的重复创建和编辑为原 则，条件许可时，宜使用计算机制图文件参照方式；

　　3 为满足专业之间协同设计的需要，可将计算机制图文件划分为各专业共用的公共图纸文 件、向其他专业提供的资料文件和仅供本专业使用的图纸文件；

　　4 为满足专业内部协同设计的需要，可将本专业的一个计算机制图文件分解为若干零件图文 件，并建立零件图文件与组装图文件之间的联系。

12.6.2　协同设计的计算机制图文件参照应符合下列规定：

　　1 在主体计算机制图文件中，可引用具有多级引用关系的参照文件，并允许对引用的参照文件进行编辑、剪裁、拆离、覆盖、更新、永久合并的操作；

2 为避免参照文件的修改引起主体计算机制图文件的变动，主体计算机制图文件归档时，应 将被引用的参照文件与主体计算机制图文件永久合并（绑定）。

13 计算机制图文件的图层

13.0.1 图层命名应符合下列规定：

1 图层可根据不同的用途、设计阶段、属性和使用对象等进行组织，但在工程上应具有明确的逻辑关系，便于识别、记忆、软件操作和检索；

2 图层名可用汉字、拉丁字母、数字和连字符"－"的组合，但汉字与拉丁字母不得混用；

3 在同一工程中，应使用统一的图层命名格式，图层名称应自始至终保持不变，且不得同时使用中文和英文的命名格式。

13.0.2 图层命名格式应符合下列规定：

1 图层命名应采用分级形式，每个图层名称由 2～5 个数据字段（代码）组成，第一级为专业代码，第二级为主代码，第三、四级分别为次代码 1 和次代码 2，第五级为状态代码；其中专业代码和主代码为必选项，其他数据字段为可选项；每个相邻的数据字段用连字符（－）分隔开；

2 专业代码用于说明专业类别，宜选用本标准附录 A 所列出的常用专业代码；

3 主代码用于详细说明专业特征，主代码可以和任意的专业代码组合；

4 次代码 1 和次代码 2 用于进一步区分主代码的数据特征，次代码可以和任意的主代码组合；

5 状态代码用于区分图层中所包含的工程性质或阶段，但状态代码不能同时表示工程状态和阶段，宜选用本标准附录 B 所列出的常用状态代码；

6 中文图层名称宜采用图 13.0.2－1 的格式，每个图层名称由 2～5 个数据字段组成，每个数 据字段为 1～3 个汉字，每个相邻的数据字段用连字符"－"分隔开；

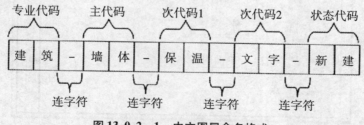

图 13.0.2－1 中文图层命名格式

7 英文图层名称宜采用图 13.0.2－2 的格式，每个图层名称由 2～5 个数据字段组成，每个数据字段为 1~4 个字符，每个相邻的数据字段用连字符"－"分隔开；其中专业代码为 1 个字符，主代码、次代码 1 和次代码 2 为 4 个字符，状态代码为 1 个字符；

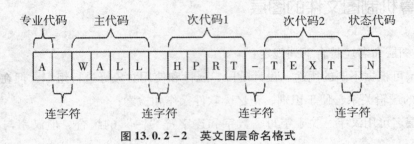

图 13.0.2－2　英文图层命名格式

8 图层名宜选用本标准附录 A 和附录 B 所列出的常用图层名称。

14　计算机制图规则

14.0.1　计算机制图的方向与指北针应符合下列规定：

1 平面图与总平面图的方向宜保持一致；

2 绘制正交平面图时，宜使定位轴线与图框边线平行（见图 14.0.1－1）；

3 绘制由几个局部正交区域组成且各区域相互斜交的平面图时，可选择其中任意一个正交区域的定位轴线与图框边线平行（见图 14.0.1－2）；

4 指北针应指向绘图区的顶部（见图 14.0.1－1），在整套图纸中保持一致。

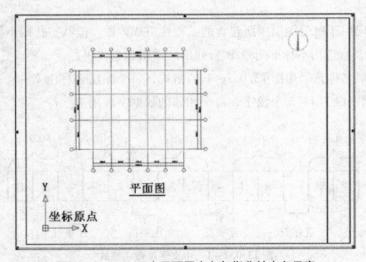

图 14.0.1－1　正交平面图方向与指北针方向示意

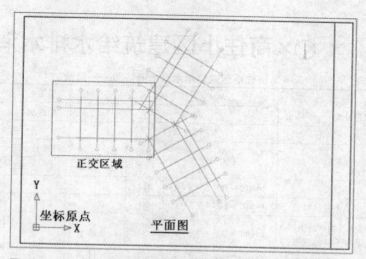

图 14.0.1－2　正交区域相互斜交的平面图方向与指北针方向示意

14.0.2　计算机制图的坐标系与原点应符合下列规定：

1 计算机制图时，可以选择世界坐标系或用户定义坐标系；

2 绘制总平面图工程中有特殊要求的图样时，也可使用大地坐标系；

3 坐标原点的选择，应使绘制的图样位于横向坐标轴的上方和纵向坐标轴的右侧并紧邻坐标原点（见图 14.1－1、图 14.1－2）；

4 在同一工程中，各专业宜采用相同的坐标系与坐标原点。

14.0.3　计算机制图的布局应符合下列规定：

1 计算机制图时，宜按照自下而上、自左至右的顺序排列图样；宜优先布置主要图样（如平面图、立面图、剖面图），再布置次要图样（如大样图、详图）；

2 表格、图纸说明宜布置在绘图区的右侧。

14.0.4　计算机制图的比例应符合下列规定：

1 计算机制图时，采用 1:1 的比例绘制图样时，应按照图中标注的比例打印成图；采用图中标注的比例绘制图样，则应按照 1:1 的比例打印成图；

2 计算机制图时，可采用适当的比例书写图样及说明中文字，但打印成图时应符合本标准第 5.0.2 条～第 5.0.7 条的规定。

附录 B ×××商住小区建筑给水排水消防套图

表1   ×××商住小区建筑给水排水消防图——目录

×××设计院		×××商住小区		阶段	施工图		SO版			
		6#栋		专业	给排水		第1页共10页			
		文件目录								
序号	文件名称	文件编号	版次	文件张数						备注
				A0	A1	A2	A3	A4		
1	图纸目录	14M02 – B09 – WS – 0	SO					1		
2	设计说明 主要材料表	14M02 – B09 – WS – 1	SO			1				
3	一层给排水及消防平面图 商铺消火栓系统原理图	14M02 – B09 – WS – 3	SO		1 + 1/2					
4	二层给排水及消防平面图	14M02 – B09 – WS – 3	SO		1 + 1/2					
5	三层给排水及消防平面图	14M02 – B09 – WS – 4	SO			1 + 1/2				
6	四层至十一层给排水及消防平面图	14M02 – B09 – WS – 5	SO			1 + 1/4				
7	十二层至十四层给排水及消防平面图	14M02 – B09 – WS – 6	SO			1 + 1/4				
8	屋顶给排水及消防平面图	14M02 – B09 – WS – 7	SO			1 + 1/4				
9	给水系统原理图 消火栓系统原理图	14M02 – B09 – WS – 8	SO			1 + 1/4				
10	排水系统原理图	14M02 – B09 – WS – 9	SO			1 + 1/2				
	复用国标									
1	无规共聚聚丙稀（PP – R）给水管安装	02SS405 – 2								
2	建筑排水硬聚氯乙稀（PVC – U）管道安装	10S406								
3	室内管道支架及吊架	03S402								
4	防水套管	02S404								
5	卫生设备安装	09S304								
设计		校核		审核		日期			说明：	

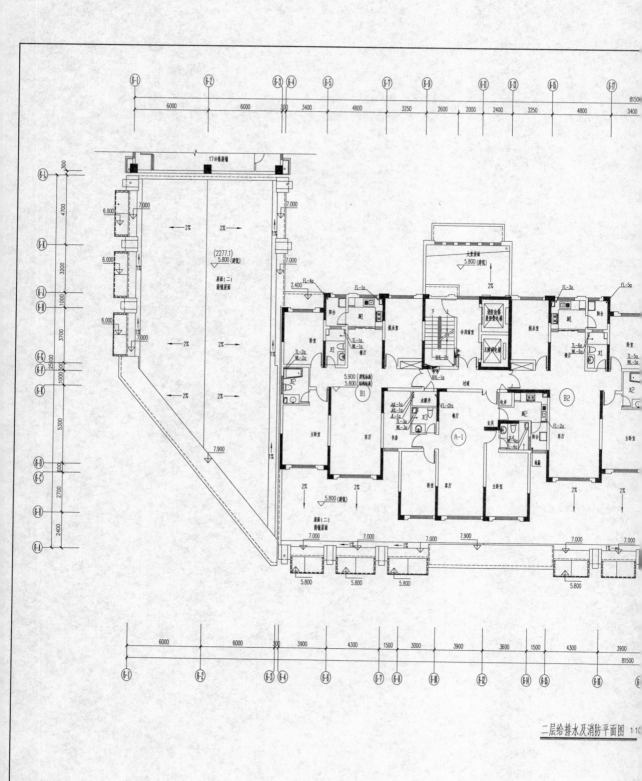

二层给排水及消防平面图 1:10

图2 某商住小区 6# 楼二层

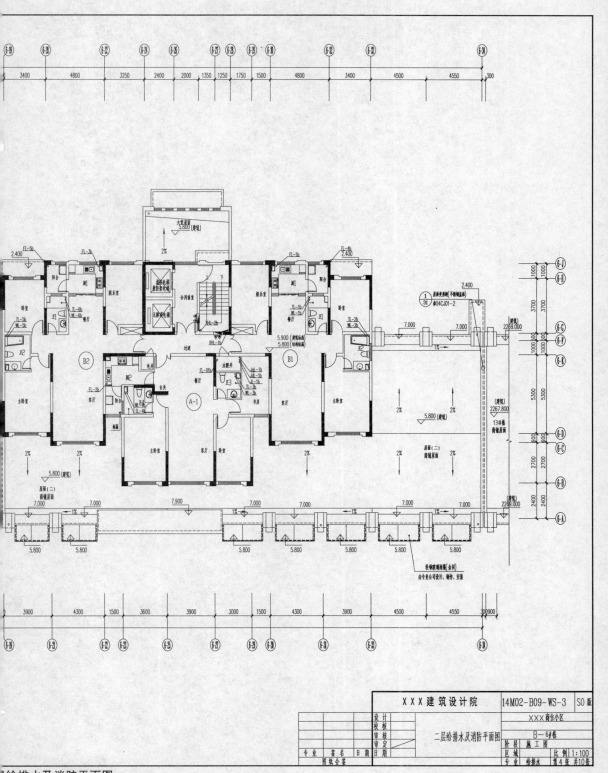

二层给排水及消防平面图

	XXX建筑设计院			14M02-B09-WS-3		S0版
设 计				XXX商住小区		
校 核			二层给排水及消防平面图	B—6#楼		
审 核				阶 段	施 工 图	
审 定				区 域		比 例 1:100
专 业	签 名	日 期	日 期	专 业	给排水	第4张 共10张
		图纸会鉴				

3400　4800　3250　2400　2000　1350　1250　1750　1500　4800　3400　4500　4550　300

1000　3700　2269.000　1000　5300　600　2700　2400

3900　4300　1500　3600　3900　3000　1500　4300　3900　4500　4550　300 900

5.800　5.800　5.800　5.800　5.800　5.800

7.000　7.000　7.900　7.000　7.000　7.000　7.000

5.800（建筑）

2%　2%　2%　2%

屋面（二）
商铺屋面

13#楼
商铺屋面

2267.800（建筑）

2269.000（建筑）

5.900（建筑标高）
5.800（结构标高）

B2　B1　A-1

2.400　2.400　2.400

大电井房
5.800（建筑）

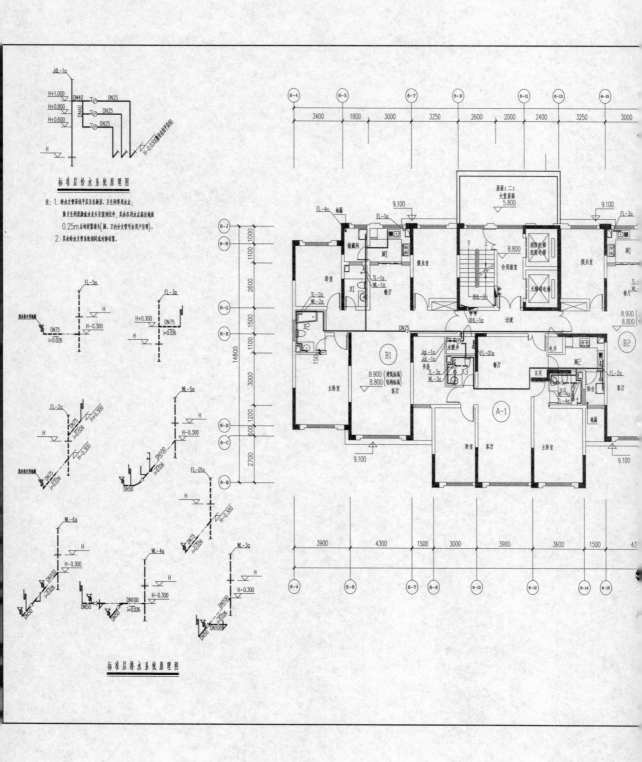

图3 某商住小区 6# 楼三层

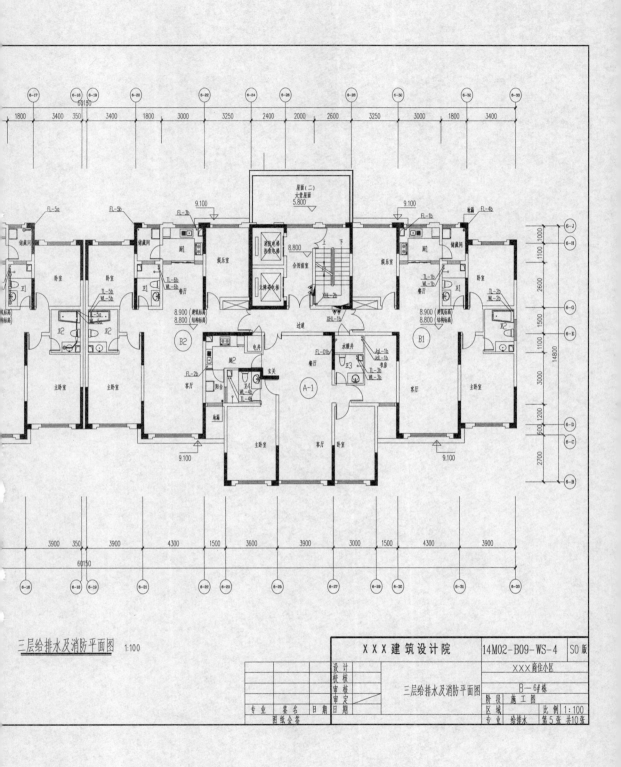

三层给排水及消防平面图 1:100

排水及消防平面图

×××建筑设计院			14M02-B09-WS-4	S0版
设计			×××商住小区	
校核			三层给排水及消防平面图	B-6#栋
审核				
审定			阶段 施工图	
专业 签名 日期 日期			区域	比例 1:100
图纸会签			专业 给排水	第5张 共10张

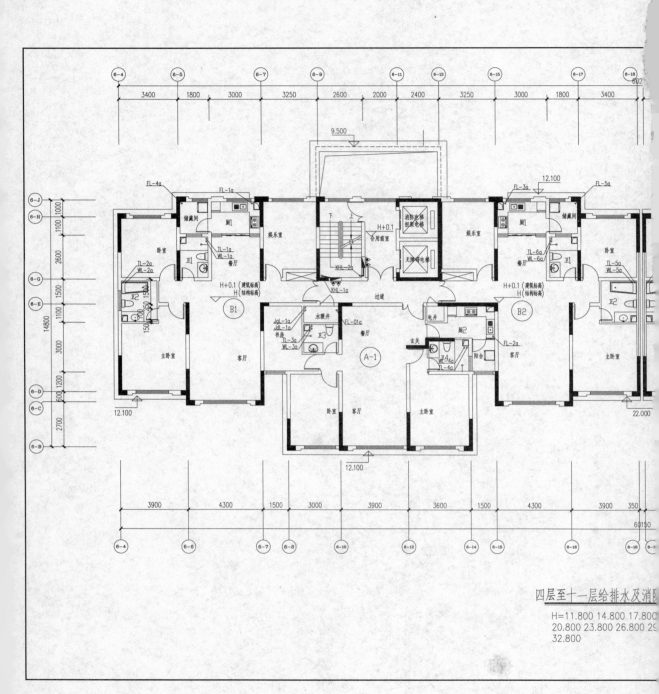

图 4　某商住小区 6# 楼四层至十

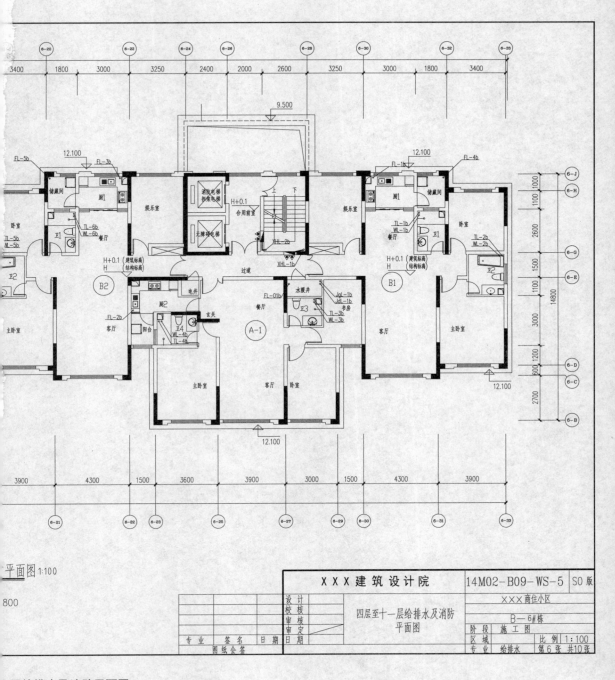

平面图 1:100

800

✕✕✕建筑设计院	14M02-B09-WS-5	S0版

		设 计			✕✕✕商住小区		
		校 核					
		审 核		四层至十一层给排水及消防 平面图	B—6#栋		
		审 定			阶 段	施 工 图	
专 业	签 名	日 期	日 期		区 域		比例 1:100
	图纸会签				专 业	给排水	第 6 张 共10张

一层给排水及消防平面图

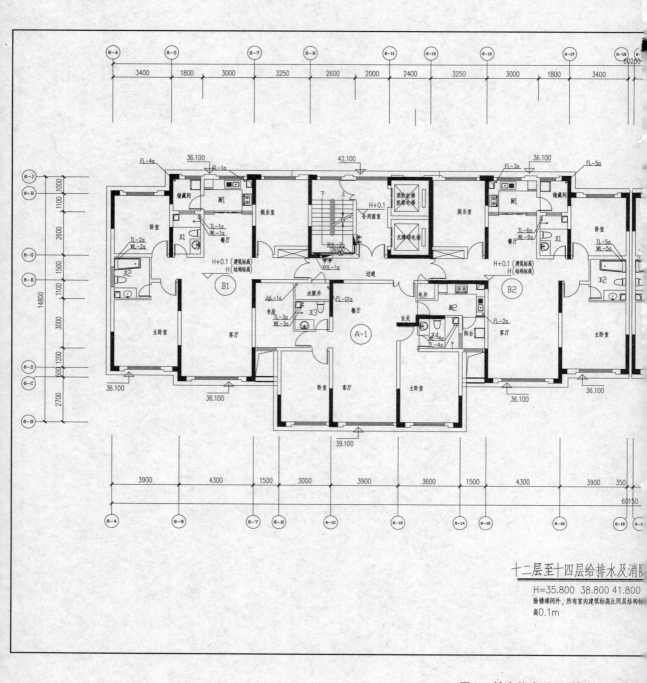

十二层至十四层给排水及消防

H=35.800 38.800 41.800

除楼梯间外, 所有室内建筑标高比同层结构标
高0.1m

图 5 某商住小区 6# 楼十二层至十

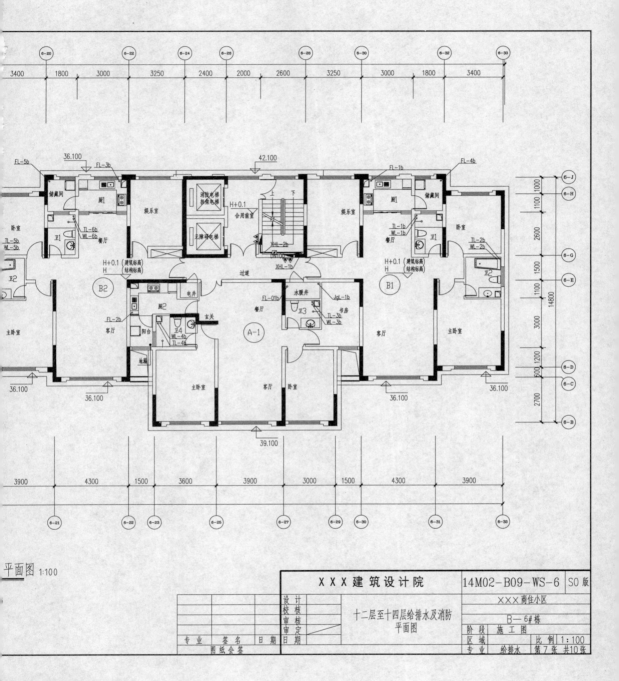

平面图 1:100

XXX建 筑 设 计 院		14M02-B09-WS-6	S0 版
设 计		XXX商住小区	
校 核	十二层至十四层给排水及消防		
审 核	平面图	B—6#栋	
审 定		阶 段 施 工 图	
专 业 签 名 日 期 日 期		区 域	比 例 1:100
图 纸 会 签		专 业 给排水 第7张 共10张	

四层给排水及消防平面图

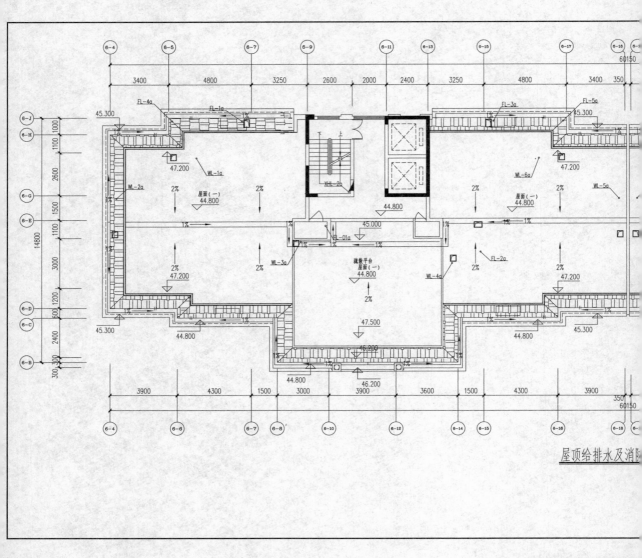

图 6　某商住小区 6# 楼屋顶

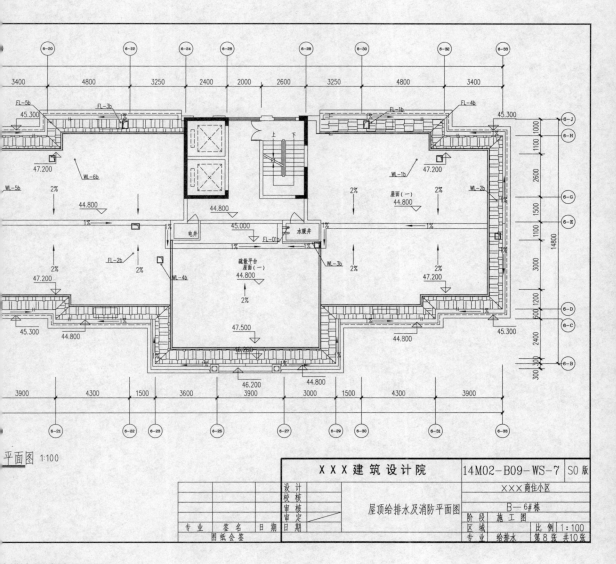

平面图 1:100

XXX建筑设计院		14M02-B09-WS-7	S0版
设 计		XXX商住小区	
校 核			
审 核	屋顶给排水及消防平面图	B—6#栋	
审 定			
专业 签名 日期		阶段 施工图	
日 期		区域	
图纸会签		比例 1:100	
		专业 给排水 第8张 共10张	

给排水及消防平面图

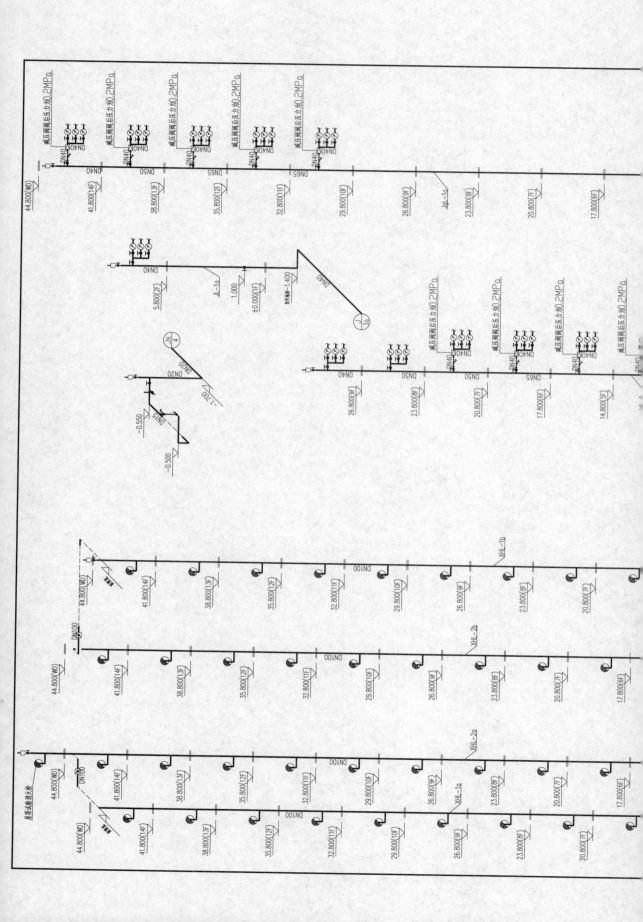

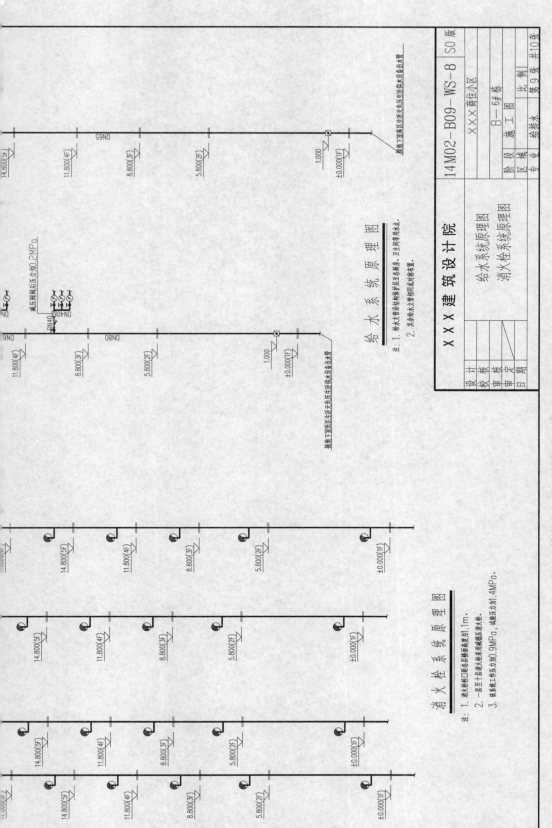

给 水 系 统 原 理 图

注: 1. 给水支管在穿结构和楼板至各房间、卫生间等用水点。
2. 其余给水立管相同安装布置。

X X X 建 筑 设 计 院		14M02-B09-WS-8	S0版
		XXX商住小区	
		B-6#楼	
	给水系统原理图	施 工 图	比 例
	消火栓系统原理图		第9张 共10张
设 计		阶 段	给排水
校 核		区 段	
审 定		专 业	
日 期			

消 火 栓 系 统 原 理 图

注: 1. 消火栓栓口距各层楼面高度为1.1m。
2. 一层至七层消火栓采用减压稳压消火栓。
3. 该系统工作压力为0.9MPa, 试验压力为1.4MPa。

图 7 某商住小区 6#楼给给水系统原理图、消火栓系统原理图

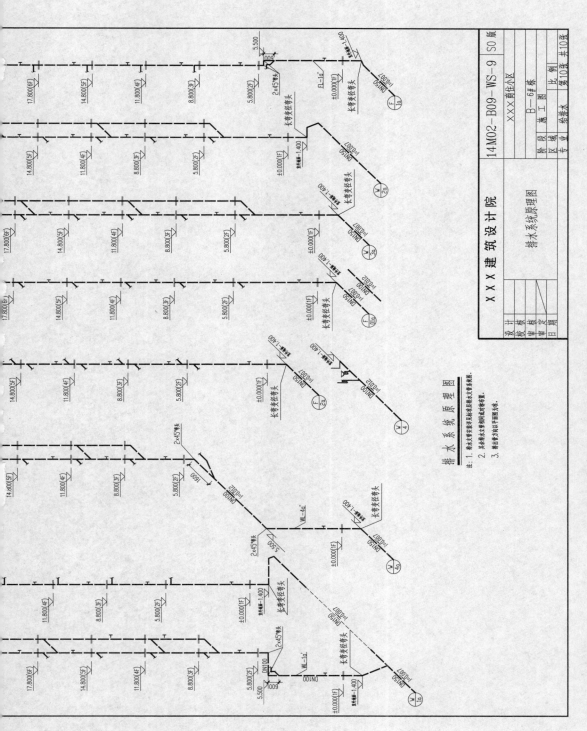

图 8 某商住小区 6# 栋排水系统原理图